2006~2025

서울,

도시건축
혁신의 기록

2006~2025 서울, 도시건축 혁신의 기록
일상을 빛내는 서울의 도시건축 프로젝트 66

발행처
서울특별시

발행인
서울특별시장

제작
미래공간기획관 미래공간담당관

주소
서울시 중구 세종대로 110,
서울특별시청

기획
에이치에이치아키텍스

편집·디자인
사이트앤페이지

발행일
2025년 4월 1일

ISBN
979-11-7177-393-0(03540)

발간등록번호
51-6110000-003133-01

서울시 '2006~2025 서울, 도시건축 혁신의 기록'은 친환경 잉크로 인쇄하였습니다.

2006~2025

서울,

도시건축 혁신의 기록

일상을 빛내는
서울의
도시건축
프로젝트 66

서울특별시

CONTENTS

지난 20년간의
구상과 실천,

미래도시 서울의
100년을 담다

지금까지의 서울,

우리는 늘 앞을 바라보기 위해 뒤를 돌아본다. 어느 도시보다 쉼 없이 바쁜 서울 또한 그 역동으로 지금까지 펄떡이며 생동하지만, 때로는 더 멀리 나아가기 위해 잠시 발걸음을 멈추고 뒤를 돌아봐야 한다. 순간의 단위로는 파악할 수 없는 궤적이 잠시 멈추어 바라봤을 때 선명히 나타나기 때문이다. 그 궤적이 도시가 걸어온 길을 보여주고 앞으로 나아갈 방향의 실마리를 제시한다.

이 책은 서울시가 지난 20년간 이룩한 도시건축의 성과를 돌아보는 책이다. 그 성찰을 바탕으로 앞으로 서울이 그려갈 미래 청사진을 담고 있다. 토대 없는 꿈은 허황하고 과거에 갇힌 시선은 답답하지만, 과거를 되돌아보고 미래를 내다보는 균형 있는 시각이 있을 때 우리는 실질적인 변화를 차근차근 만들어갈 수 있다. 이 책은 그 여정으로의 초대다.

긴 역사: 역사의 풍파는 서울에 고스란히

서울 땅은 신라 이래 한양으로 불렸다. 고려시대에는 3경의 하나로 남경(南京)으로 불렀는데, 조선의 도읍지로 선정하면서 수도 이름을 '한성'으로 붙였다. 1394년 9월, 도읍 이전을 위해 '신도궁궐조성도감'을 설치했고, 개경과 한양을 오가는 우여곡절 끝에 1405년 한양은 마침내 조선의 새 수도가 되었다. 이로써 오늘날 서울의 역사가 본격적으로 시작되었다. 당시 조선 전기 서울의 인구는 10만 명을 약간 웃도는 수준이었다.

1897년, 대한제국 출범을 앞두고 서울은 황제국의 위엄을 갖추기 위해 대대적인 도로정비사업에 착수했다. 거리를 깨끗이 정비하며 도시 구조를 개조했다. 본궁을 경복궁에서 경운궁(현 덕수궁)으로 옮기면서 도시의 중심축이 변화했다.

그러나 일제강점기에 들어서면서 서울의 도시공간구조는 일본 제국주의 이념에 따라 크게 왜곡됐다. 당시 완성된 관청들은 조선 건국 이래 한성부의 상징적 남북축을 형성하던 경관축을 바꿔놓았다. 전통적으로 광화문에서 남대문으로 이어지던 남북축은 총독부-경성부청-서울역-용산으로 이어지는 새로운 축으로 대체되었다. 한편 조선시대부터 상권의 중심지였던 종로는 그 위상을 유지했다.

지금부터의 서울

급변하는 정세와 도시화 속에서 상업 공간의 효율성이 요구되어 2층 한옥 상가와 근대적 임대사무소가 들어서게 되었다.

1934년 경성부 전체를 대상으로 한 최초의 도시계획인 '조선시가지계획령'이 입안됐다. 이 계획에 경성은 '국제도시'라 불렸는데, 이 명칭은 일제가 구상하고 있던 '대동아 공영권'의 거점 도시로 만들려는 의도를 담고 있었다. 이 계획안은 1959년 목표 인구를 110만 명으로 설정하고, 135km² 계획구역에 '가로망과 토지구획정리지구', '지역제', '공원계획', '풍치지구' 등을 세부적으로 구상했다.

1937년 일제의 중국 침략으로 본격적인 전시체제가 되면서 서울의 도시구조도 물리적인 변화를 겪었다. 군수산업 중심의 공업지구로서 용산과 영등포는 한양의 경계를 넘어 도시화가 진행됐다.

국가의 성장과 연동된 도시, 서울

1950년대 서울 재건계획은 폐허화된 도심부의 재건 사업과 주택 문제 해결로 압축된다. 도심부 재건 사업은 토지구획정리사업으로 진행됐다. 그 결과 폐허화된 서울의 모습을 일으켜세울 수 있었지만 전통적인 도시 조직은 파괴됐다.

전란으로 인한 행정 공백기에 우후죽순 들어선 무허가 건축은 중대한 사회 문제였다. 도시 미관을 해치고 도시 공원을 황폐화하며 시민 보건 위생을 위협했다. 1954년 초 서울시는 무허가 건물 철거 정리 방침을 발표했다. 간선도로변과 공원지대를 중심으로 정리하기 시작했지만 공원이나 산록에 대규모로 들어선 무허가 판자촌은 대부분 그대로 남았다.

1960년대 들어서자 일제강점기에 만들어진 도시와 건축 관련법으로는 더 이상 서울을 관리할 수 없게 되었다. 1962년 제1차 5개년계획의 개시와 함께 도시계획법과 건축법이 제정되었다.

1966년은 서울의 경관 변화에 변곡점이 됐다. 제14대 서울시장으로 김현옥이 임명되면서 수도 정비와 새 서울 건설을 제1과제로 삼았다. 김 시장이 실천한 서울 건설은 첫째 교통 문제 해결, 둘째 도심 정비와 서민 주택 공급, 셋째 한강 개발이었다. 당시 한강 개발은 여의도를 중심으로 이뤄졌다. 1967년 말 시작된 여의도 개발은 한강 전역에 제방을 구축해 자동차 전용도로를 만들고, 제방 안은 고층아파트 중심의 신시가지를 건설하고, 여의도 윤중제를 만들어 신도시를 조성하면서 제4한강교를 지어 한강을 중심으로 끊이지 않는 도시 생활권을 구축한다는 계획이었다.

이른바 '한강의 기적'으로 불리는 한국 경제의 고도성장은 1966년부터 1979년까지 이어졌다. 1966년 379만 명의 서울 인구는 1978년 말 782만 명으로 12년 만에 배 이상 증가했다. 1년간 평균 33만 6천 명씩 증가한 셈이다. 이렇게 해마다 인구가 늘어갔으니, 서울시정은 하루하루가 전쟁이었다. 교통, 토지, 주택 문제 그리고 환경오염 등 끝없는 문제가 누적되어갔다.

1970년대 영동지구와 잠실지구 개발은 강남개발의 가시적 성과였다. 영동지구 토지구획정리 사업은 제1, 2지구를 합쳐 800만 평의 거대 사업으로 개발을 촉진하기 위해 서울시는 스스로 사업 주체가 되어 강남구 논현동에 공무원아파트(1971)를 신축했다. 이어서 압구정동 현대아파트(1972)가 들어섰고, 1972년 5월 3일 '영동지구 주택건립계획'이 발표되면서 강남 주거지 개발이 본격화됐다. 그러나 도심 기능의 배분이 생략되고 주택만으로 구성된 기형적 도시개발이었다.

강남개발의 성과가 눈에 띄기 시작한 1974년에 취임한 구자춘 시장은 서울시 도시계획에 변혁을 구상했다. 사대문 중심 단핵 도심 기능을 중앙행정기능의 강북, 산업 기능의 영등포, 신개발지인 영동의 3개 도심으로 분산시켜야 한다고 생각이었다. 이를 바탕으로, 1977년 서울시는 '서울도시기본구상'을 발표했다. 확산 일변도의 개발 위주 정책에서 대도시 행정의 장기 지표를 제시하며 도시개발의 내실을 기하는 작업이 시작됐다.

1980년대 서울의 변화에서 가장 주목할 일은 1988년 서울에서 개최된 제24회 올림픽대회(이하 88올림픽)를 위한 준비였다. 88올림픽은 역사도시 서울이 공식적으로 세계무대에 데뷔하는 기회였고, 어떤 모습의 서울을 보여줄 것인가를 결정해야 했다. 그 결과는 도심재개발과 한강종합개발 그리고 강남개발로 정리된다. 올림픽 주경기장인 잠실종합운동장을 중심으로 가로망 정리, 올림픽대로와 몽촌토성의 보전을 위한 간선도로의 우회, 인접대지들의 개발지침 등의 도시설계가 1983년 이뤄졌다.

1982년 한강종합개발은 서울의 경관을 바꿔놓은 획기적인 사업이다. 한강은 해방 이후 무절제한 개발로 홍수 대비 능력이 떨어져 있었다. 수질오염이 심했고 버려진 쓰레기가 쌓여 열악한 상황이었다. 이를 개선하기 위해 행주대교부터 암사동에 이르는 구간의 저수로 정비, 고수부지(둔치) 조성 및 공원화, 강변도로 확장, 주변 환경 개선, 한강의 청정화를 꾀했다. 그러나 단기적인 성과를 위해 급조된 한강 둔치 조성과 한강 변의 콘크리트 호안 블럭은 한강 생태환경복원이라는 과제를 우리에게 던져놓았다.

1990년대는 많은 부분에서 이전 시대와 구분된다. 1992년 문민정부가 들어서고 1995년 지방자치제가 실시되면서 시민이 도시 서울의 주인 자리를 찾기 시작했다.

1992년 서울시는 그동안 강북 도심의 과밀 해소를 위해 강남보다 불평등하게 적용하던 강북지역의 건폐율, 용적률 등의 제한을 완화했고, 1995년 서울시는 5대 개발전략지역을 구상하여 뚝섬(레저타운), 용산(미군 반환 땅의 시민공원화와 용산역 지구의 중심권 개발), 여의도(여의도 광장의 시민공원화와 지하 공간 개발, 랜드마크 타워빌딩 등), 상암(난지도 개발과 업무 및 유통 레저 등), 마곡(김포공항 주변의 배후도시건설 등) 지역개발을 착수했다.

2000년대에 들어 주목할만한 것은 남산과 한강 살리기 그리고 역사 도시의 회복 등 서울 시민 삶의 질 향상을 위한 움직임이다. 그동안 개발 위주로 진행되어온 도시, 건축 정책에 대해 반성하고, 성장의 그늘에 가렸던 서울 경관의 중요성을 심각하게 인식했다. 청계천은 비록 콘크리트 복원이지만 물길을 되찾았고, 근대화의 상징이었던 삼일고가도로는 녹색 성장 시대에 역사 경관의 회복 차원에서 철거되었다.

가까운 역사: 서울만의 것을 찾아서

도시의 성장과 양적 팽창에 치중했던 서울시는 민선 4기에 들어서서 새로운 패러다임으로 본격적인 전환이 시작되었다. 이전과 가장 큰 차이는 도시경쟁력 강화를 위해 디자인을 최초로 정책과 시정철학에 도입한 것이었다. 2006년 '디자인서울'을 발표한 서울시는 디자인총괄본부를 출범시키고 디자인전문가를 부시장급으로 영입하는 파격적인 인사를 실행했다. 이는 더 이상 국가 간이 아닌 도시와 경쟁하는 시대에서 대한민국을 대표하는 도시 서울로서 도시디자인의 중요성을 알리고 선도적인 행보를 이어가는 계기가 되었다.

이후의 도시 정책은 일곱 가지로 구분할 수 있다.

첫째, 도심의 재생과 부활을 꿈꿨다. 서울시는 다시금 서울다움을 되찾기 위해 움직였다. 근대 시기 이후 도심억제정책과 강남육성정책으로 개발이 정체되면서 도시의 무게가 강남으로 쏠려있는 상황이었다. 도심재창조 종합계획(2006)에서 설정한 도심 4축은 옛 도심에 역사, 관광, 녹지 문화를 살려, 고유 정체성을 회복하고 도시의 균형발전을 도모하는 큰 그림이었다.

둘째, 한강을 시민에게 돌려주고자 관리 중심에서 이용 중심으로 정책 방향을 전환했다. 한강 르네상스 기본계획(2007)은 민선 4기의 가장 괄목할 성과였다. 한강을 서울의 중심지로 바라보고 한강을 통해 도시에 활력을 불어넣는 미래 성장동력으로 인식했다. 이때부터 한강이 가진 문화적 잠재력에 주목하기 시작했다. 또한 한강 양안의 둔치를 생태적으로 회복시키고 도시와 유리되어있는 경계부의 환경을 개선했다.

셋째, 도시 환경의 근본적 체질 개선을 위해 정원과 녹지 도시를 만들고자 했다. 2023년 서울시는 '정원도시' 슬로건을 내세웠다. 공원과 녹지 확보에서 나아가 정원도시로 움직임은 급격한 도시화를 넘어 미래 도시로 향하는 길목에서 필수적인 행보였다. 이는 도시 생태계 회복을 꿈꾸며 도시민의 사회문화적 요구에 응답하는 일이기도 하다.

넷째, 디자인 거리 서울이다. 서울시는 2006년부터 디자인으로 도시의 거리를 바꿔왔다. 보행로, 차도, 자전거도로, 지하도로 등 움직이는 모든 공간과 시스템은 도시의 인상을 결정짓는다. 디자인을 통해 개선한 서울의 거리는 조화로운 경관을 만들고 시민의 안전과 편의에도 영향을 주고 있다.

다섯째, 랜드마크의 조성과 진흥이다. 서울은 다채로운 시간의 켜를 지닌 랜드마크를 품은 도시이다. 조선의 수도 한양의 상징을 담고 있는 역사적 건물부터 63빌딩과 롯데월드타워는 현대 기술력과 경제 발전을 상징한다. 나아가 서울시는 도시의 얼굴이 되는 창의적인 랜드마크가 탄생할 밑거름을 마련했다. 2023년 '도시건축 디자인 혁신'은 혁신적인 디자인이 자라날 수 있도록 걸림돌이 되는 제도와 행정 절차를 손봤다.

여섯째, 기후위기에 대한 사회적 책임을 인식하고 대응하는 것이다. 기후동행카드나 따릉이 등 서울시의 기후정책은 각자의 현장에서 일상을 살아가는 것만으로도 자연스레 기후위기에 대응할 수 있도록, 시민의 삶에 스며드는 정책을 추구한다. 또한 탄소중립을 위한 녹색건축 진흥을 위해 목조건축 활성화 등 지속가능한 시스템을 구축한다.

일곱째, 아름다운 도시는 아름다운 주거로 만들어진다는 시각으로 서울의 주거 양식과 문화에 질적 개선을 꾀했다. 2007년 획일화된 주거문화를 상징하는 '성냥갑 아파트' 퇴출 선언과 '시프트' 도입은 공동체 주택에 변화를 가져온 계기였다.

이렇듯 서울시의 도시 정책 방향은 크게 대개조(District), 한강(Edge), 공원(Node), 거리(Path), 랜드마크(Landmark), 기후위기(Climate & Ecology), 주거(Housing)로 정리해볼 수 있다. 이런 구분은 도시계획가 케빈 린치의 도시 5요소(Landmark, District, Path, Edge, Node)와도 닿아 있다. 지난 20년 동안 서울시가 이뤄온 도시건축의 성과를 돌아보며 오늘 서울이 또 나아갈 방향을 가늠하는 데 도움이 될 것이다.

chapter 1

DISTRICT

chapter 1

균형 발전을 위한 지역 대개조

'대개조'는 뜯어고치고 부수고 갈아엎겠다는 선언이 아니다. 잃어버린 것을 되찾는 한편, 작은 것은 키우고 지나치게 부푼 것은 거두는 섬세한 균형의 예술이다. 창경궁과 종묘를 이은 것처럼, 끊어진 것을 잇고, 사라진 것을 복원하는 일은 도시의 정신을 회복하는 일이기도 하다. 도심에 새로운 축을 그리고, 용산에 미래의 심장을 심으며, 각 권역에 저마다의 성장 동력을 심는 것. 이 모든 것이 서울다움을 되찾는 과정이다.

Story

강남과 강북,
경제와 문화의 균형을 위해

산업화를 거치며 가파르게 성장하던 서울은 2000년을 전후해 숨을 고르기 시작했다. 더 이상 인구 증가나 외형적 성장이 도시 발전을 이끄는 핵심 동력이 될 수 없다는 걸 깨달았기 때문이다. 당시 서울은 세계화와 지식산업화라는 새로운 힘을 찾아야 했다.

과거처럼 사람들이 공장을 중심으로 모여드는 게 아니라, 기업이 인재를 찾아 도시로 모여드는 시대이지 않은가. 이런 변화는 시민의 생활양식도 바꿔놓았다. 특히 젊은 1인, 2인 가구는 직장 접근성이 좋고 문화생활, 대중교통 편의성을 갖춘 곳을 선호했다.

서울이 주목한 건 세계 도시의 변화였다. 주요 도시가 새롭게 태어날 땐 늘 도시의 오래된 심장을 미래 경쟁력의 동력으로 대개조하는 과정이 있었음에 주목한 것이다. 뉴욕, 런던, 도쿄, 파리 같은 도시들은 이미 글로벌 중심 도시의 주역으로 떠올랐고, 자본과 인재, 글로벌 기업이 이들 도시로 몰려들었다. 이들 도시는 금융과 미디어, 첨단기술이 한데 어우러져 더욱 강력한 경쟁력을 획득했다.

파리는 미테랑 대통령의 그랑 프로제(Grand Projet)로 문화도시의 명성을 다졌고, 빌바오는 구겐하임 미술관으로 도시에 새 생명을 불어넣었다. 요코하마는 미나토 미라이 21 프로젝트로 쇠퇴한 항만을 되살렸으며, 런던은 경쟁력 잃은 항구 도크랜드를 세계적 금융 중심지로 탈바꿈시켰다. 함부르크 역시 하펜시티 재개발로 옛 항구를 복합문화공간으로 재탄생시켰다.

서울은 어떠한가? 서울은 그간의 변화를 받아들이되 서울다움을 잃지 않으려 애썼다. 마치 생명체처럼 끊임없이 진화하며 미래로 향하는 성장점을 스스로 찾아갔다.

"서울의 경쟁력이 곧 대한민국의 경쟁력이라고 생각합니다. 서울시가 글로벌 경쟁력 강화를 위해 '매력도시 서울 대개조 전략'을 핵심 정책으로 추진하는 이유입니다."

동대문운동장의 2005년(위)과 DDP 조성 이후 모습(아래). 복합문화축은 대학로에서 장충동으로 이어진다.

업무시설과 고층 건물이 몰려 있는 강남대로 일대. 강남 육성정책으로 서울 대도시권의 무게 중심이 강남으로 쏠리는 왜곡현상이 나타났다.

도심 4축, 서울의 문화와 자연을 잇다

도시에도 생애주기는 존재한다. 노년을 맞은 인간처럼, 도시 곳곳에도 빛바랜 곳이 조금씩 생겨난다. 서울 역시 시간의 흐름을 피할 순 없었다.

청계천을 따라 이어진 도심은 세월의 무게를 고스란히 안았다. 서울의 중추이자 국가경쟁력의 핵심이었지만 도심억제정책과 강남육성정책으로 개발이 정체됐고, 그 결과 서울 대도시권의 무게 중심이 강남으로 쏠리는 왜곡 현상이 나타났다. 도심의 많은 장소와 시설에 '구'라는 수식어가 붙었고 화려했던 과거는 빛바랜 영광으로 남은 듯했다. 변화가 필요했다.

2006년 도심재창조 종합계획은 이러한 시대적 요구에 대한 응답이었다. 600년 수도 서울의 정체성을 지키면서도 미래 경쟁력을 키우고, 지역 간 균형을 이루며, 시민과 관광객 모두에게 매력적인 도심을 만드는 것이 목표였다.

서울시는 청계천 복원을 새로운 전환점으로 삼아 도심 전체를 아우르는 큰 그림을 그렸다. 당시 도심은 종로와 을지로를 잇는 동서축을 중심으로 발달해 있었고, 남북 방향으로의 연결은 미흡했다.

물길로 되살아난 청계천을 가로축으로 삼고, 이를 받치는 네 개의 세로축을 세웠다. 광화문에서 시청으로 이어지는 '역사문화축'에 600년 고도의 정신을, 인사동에서 명동으로 이어지는 '관광문화축'에 전통과 현대의 만남을 담았고, 창경궁에서 남산으로 이어지는 '녹지문화축'에 자연과 도시의 조화를, 대학로에서 장충동으로 이어지는 '복합문화축'에는 미래와 혁신의 가능성을 담았다. 이처럼 각 축은 저마다의 특성을 살리면서도 서로 긴밀하게 연결돼 시너지를 만든다. 이 네 개의 축은 남쪽에서 남산으로 귀결되면서 자연과 문화, 역사 등이 한데 어우러지게 의도했다.

이는 단순한 지역 재개발이 아닌 내일을 향해 에너지를 발산하는 서울의 기지개였다. 도심의 주요 거점을 유기적으로 연결하고, 지역별 특성을 강화하면서도 전체의 조화를 꾀했다.

긴 잠에서 깨는 서울의 중심 용산

용산은 서울의 배꼽이다. 조선시대에는 전국의 물자가 모여드는 한강 나루터였고, 1900년대 초반에는 경인선과 경부선이 개통되어 철도 교통의 요충지로 거듭났다. 해방 이후 미군기지가 자리잡으며 한동안 산업 발전에서 비켜나 있는 듯했으나, 1990년대 들어 용산전자상가가 국내 최대 규모의 전자상가로 성장하며 한국 사회 경제를 논할 때 빠짐없이 등장하는 중심지로 다시금 올라섰다. 현재는 1호선을 비롯한 7개 철도노선이 교차하고 있고, 앞으로 GTX-B와 신분당선 등 4개 노선이 더해질 예정이다. 게다가 서울 3도심(도심, 여의도·영등포, 강남)의 중심에 있는 지리적 이점은 용산을 미래 서울 경제의 중심지가 될 잠룡으로 확신하게 한다.

그러나 용산은 잠재력에 비해 오래 잠들어 있었다. 용산 한복판에는 여의도 공원의 3배 크기에 달하는 50만m²의 땅이 수십 년째 활용되지 못한 채 남아 있었다. 이곳은 서울의 '마지막 금싸라기 땅'이라 불리는 용산정비창 부지로, 2013년 용산국제업무지구 개발사업이 무산된 후 10여 년간 방치됐다.

이제 용산이 움직인다. 뉴욕의 허드슨 야드나 런던의 카나리 워프처럼 도시의 새로운 심장이 되려 한다. 세계 대도시 중에서도 도심 한복판에 50만m²에 이르는 융복합 개발 부지를 찾기는 쉽지 않다. 그만큼 이번 용산국제업무지구 조성 계획은 서울의 미래가 걸린 도전이자 기회다.

용산국제업무지구는 이전의 업무지구와는 다른 미래를 그린다. 바로 첨단기술의 요람이다. 세계는 이제 AI, 로봇, 바이오, 반도체를 두고 경쟁한다. 과거 정상들이 안보와 핵을 논하던 자리에서

서로 다른 높이의 건물들이 섞여있는 용산 한강대로변의 모습.
조선시대부터 물자가 모여들던 용산은 오늘날 서울 3도심(도심,
여의도·영등포, 강남)의 중심에 있다.

용산정비창 부지와 그 일대의 모습

용산국제업무지구의 조감도. 여의도 공원 3배 크기에 달하는
50만㎡를 대상으로 하는 이 사업은 '지역 대개조'의 중추이다.

이제는 기술을 핵심 의제로 말한다. 용산은 이러한 도전을 품어낼 최적의 무대가 될 것이다.

용산은 테크 기업의 단순한 집적지를 넘어서 기후 위기와 디지털 전환 시대에 걸맞은 새로운 도시상을 그리고 있다. 세계적인 기업의 본사와 연구소를 유치하는 한편, 그 사이사이로 시민의 일상이 흐르게 할 계획이다. 용산은 기술과 삶이 어우러진 입체 복합도시를 지향한다.

용산국제업무지구 조성 계획은 서울을 글로벌 톱 5 도시로 끌어올리기 위한 '지역 대개조'의 중추 사업이기도 하다. 한 가지 용도로만 구분해 관리하는 용도지역제를 넘어, 업무·주거·녹지 등 다양한 용도를 함께 적용하는 비욘드 조닝(Beyond Zoning)부터 보행자 중심의 일상권 설계, 도시·건축 디자인 혁신, 정원도시를 향한 새로운 시도까지, 도심복합개발을 위해 준비한 이 모든 전략이 용산에 펼쳐진다. 이러한 용산의 밑그림은 '용산 서울 코어'라는 이름으로 불릴 계획이다.

"단순히 경제 중심지를 만드는 것이 목표가 아닙니다. 밤낮으로 생기가 넘치고, 직장과 주거, 문화가 자연스럽게 어우러지는 공간. 용산국제업무지구는 새로운 도심으로 태어나려 합니다."

5개 권역, 116개 지역생활권의 화음

화음은 어떻게 만들까? 저마다 자기 목소리만 높이면 제멋대로인 소음이 되고, 너무 같은 것만 요구하면 재미없는 단선율이 되어버린다. 각자의 멜로디와 음색을 존중하면서도 조화롭게 하나의 그림을 그려가는 것이 중요하다.

권역별 계획은 서울에 화음을 만들려는 시도다. 지역마다 처한 상황과 특색이 다른 서울을 때론 느슨하고 때론 가깝게 이으며 균형 발전을 도모한다. 2018년, 서울시는 전국 최초로 생활권계획을 발표했다. 하나의 잣대로는 천만 시민이 사는 거대 도시 서울의 삶을 아우를 수 없다는 깨달음이었다. 강북과 강남, 동과 서의 단순 구분을 넘어 5개 권역, 116개 지역생활권으로 나누어 도시를 섬세하게 들여다봤다. 현미경으로 생명체를 관찰하듯 도시의 세세한 결을 살폈다. 오래된 동네와 새로운 동네, 번화가와 주택가, 산자락 아래 마을과 한강변 아파트까지 저마다의 고민과 바람이 달랐다. 그럼 해법도 달라야 했다.

이는 단순한 행정 구역 나누기가 아니었다. 도시기본계획이라는 큰 그림을 실제 생활에서 구현하고, 시민의 일상과 도시계획 사이의 간극을 메우는 작업이었다. 무엇보다 '도시 경쟁력 강화'와 '시민 삶의 질 제고'라는 두 마리 토끼를 잡으려 한 노력이기도 했다. 서울의 위상을 높이되 그곳에 사는 사람들의 행복도 놓치지 않겠다는 약속이었다.

이제 서울의 각 권역은 저마다의 색을 갖추며 진화하고 있다. 도심권은 그 변화의 선봉에 섰다. 첨단과 전통이 공존하는 미래 도심으로 거듭나는 것이 목표다. 광화문에서 한강까지 이어지는 국가상징거리는 600년 역사와 현대를 잇는 대동맥이 되고, 서울역에서 용산, 한강대교 남단을 잇는 구간은 스마트도로와 녹지가 어우러진 보행자 중심 가로로 탈바꿈한다. 여기에 지속가능한 남산 프로젝트를 통해 생태경관을 보전하고 숲 체험을 확대하

2014년 창동차량기지 모습

DMC첨단산업센터 일대

강남 영동대로 일대

"서울은 마치 두 개의 도시처럼 나뉘어 있습니다. 하지만 우리가 꿈꾸는 것은 하나의 서울입니다. 각 지역의 고유한 특성을 살리면서도 공존하는 발전을 이루는 것, 그것이 진정한 서울의 르네상스가 될 것입니다."

는 등 도심 속 자연의 가치도 되살린다.

동남권은 글로벌 경쟁력 강화의 불씨가 되어줄 것이다. 영동대로 지하공간 복합개발로 국제업무 거점을 만들고, 잠실 일대는 스포츠·마이스(MICE) 복합단지로 만든다. 차도교와 보행교가 있는 한강과 탄천 일대는 생태성 회복을 통해 도시 매력도를 한층 끌어올린다.

동북권은 지역의 탄탄한 광역교통망, 대규모 가용지 등을 활용해 새로운 경제거점으로 도약 중이다. 씨드큐브 창동과 서울창업허브는 성장하려는 창업 기업의 거점이 되고, 서울아레나는 2만여 관객의 함성이 울려 퍼질 K-POP 중심의 음악 전문 공연장으로 조성되어 문화 산업의 새 장을 열어갈 예정이다.

서북권은 미래 산업의 요람으로 변신한다. 상암 일대에는 대중문화와 미디어콘텐츠가 어우러진 공간이 만들어진다. 특히 DMC역 일대는 영상 미디어 콘텐츠 중심의 복합문화 거점으로, 구 국립보건원 부지는 디지털미디어, 영상 등 창조산업 특화거점으로 탈바꿈하고 있다. 김포공항 일대는 UAM 시대를 여는 전초기지로, 미래 교통 허브이자 항공업무시설, 첨단산업시설 클러스터로 조성된다. 각각의 색이 다르지만 모두가 서울이라는 하나의 그림을 완성하는 데 꼭 필요한 빛깔이다.

권역별 계획의 핵심은 결국 균형 잡힌 조화다. 어느 한 곳이 너무 밝게 빛나 다른 곳이 그늘져서는 안 된다. 도시는 거대한 정원과 같아서 적절한 빛과 그늘, 물과 바람이 모든 곳에 고루 미칠 때 비로소 건강하게 지속될 수 있다. 자연성이 회복되고, 옛 도심과 새 도심이 조화롭게 어우러질 때 서울은 비로소 진정한 글로벌 도시로 거듭날 것이다.

'대개조'는 뜯어고치고 부수고 갈아엎겠다는 선언이 아니다. 잃어버린 것을 되찾는 한편, 작은 것은 키우고 지나치게 부푼 것은 거두는 섬세한 균형의 예술이다. 2022년, 90년 만에 하나로 연결된 창경궁과 종묘가 그 증거다. 일제 시기 이 둘을 단절시켰던 율곡로는 지하로 내려가고, 그 자리에는 축구장보다 넓은 녹지가 들어섰다. 옛 종묘 담장의 석재와 기초석이 다시 제자리를 찾았다. 끊어진 것을 잇고, 사라진 것을 복원하는 일은 도시의 정신을 회복하는 일이기도 하다. 도심에 새로운 축을 그리고, 용산에 미래의 심장을 심으며, 각 권역에 저마다의 성장 동력을 심는 것. 이 모든 것이 서울다움을 되찾는 과정이다.

MAP

DISTRICT

01
도심재창조 /
역사문화축
(광화문-시청)

02
도심재창조 /
관광문화축
(인사동-명동)

03
도심재창조 /
녹지문화축(창경궁-
세운상가-남산)

04
도심재창조 /
복합문화축(대학로-
DDP-장충동)

05
용산국제업무지구

06
권역별 균형발전 /
동남권(국제교류복합
지구, GBC)

07
권역별 균형발전 /
동북권(창동상계,
광운대역세권)

08
권역별 균형발전 /
서북권(상암재창조)

09
권역별 균형발전 /
서남권(마곡지구)

07
07
05
06

역사문화축(광화문-시청)

명실상부 대한민국의 중심

600년 수도의 새로운 천년

경복궁 앞, 광화문에서 세종대로로 이어지는 육조거리는 600년 시간을 품으며 수많은 변화의 파도를 맞이했다. 한때 이곳은 의정부와 육조 같은 국가 중추 관청이 늘어선 거리였고, 소통의 공간이었다. 그러나 일제강점기와 산업화를 거치며 자동차와 고층 건물이 가득한 도심으로 변모했다. 이후 세종대로는 왕복 16차선 광폭의 도로로 조성되어 광화문을 비롯해 경복궁과 도시를 단절시킨 요인이 되기도 했다. 그러다가 1990년대 후반부터 경복궁 권역과 인근의 흐름을 잇고, 차량 중심의 공간을 시민 친화적으로 바꾸기 위한 움직임이 있었다.

2004년 장소의 역사성을 복원하고 시민 공간으로 바꾸기 위해 세종로 '광화문광장' 기본계획을 수립했고, 광화문광장이 마침내 2009년 8월 정식 개장했다. 시민의견을 수렴해 광장을 세종대로 중앙에 두고, 옛 육조거리의 역사성과 국가중심축을 복원했다. 도로는 16차선에서 10차선으로 축소했다. 그러면서 원활한 교통을 위해 이순신 장군 동상을 재정비했고 세종대왕 동상을 설치했다. 이순신 장군 동상 앞에는 '분수 12.23'을 만들었다. '신에게는 아직 12척의 전함이 남아 있습니다'로 명량해전을 승리한 12와, 임진왜란에서 23전 23승의 불패 기록에서 가져온 23의 의미를 담은 분수이다. 이러한 광화문광장의 건립은 2006년 도심재창조 종합계획과도 맥락이 닿는다. 이는 우리에게 도시 공간이 지닌 의미와 가치를 다시금 되새기게 했다.

이곳은 여전히 새로운 천년을 준비하는 심장이다. 7년에 걸친 광화문광장 조성을 시작으로, 침체됐던 북창동과 남대문시장에 생기를 불어넣고 서울역까지 이어지는 도시 맥락 위에 역사와 문화, 관광이 어우러진 새로운 숨결을 불어넣으려는 이유다.

함께 만드는 변화

2022년 8월 재개장한 광화문광장은 이러한 노력의 상징적 결실이다. 26,200m² 규모의 시민광장과 14,100m²의 역사광장으로 구성된 이곳은 각각의 정체성을 뚜렷이 하며 시민 삶과 역사의 숨결이 공존하는 공간으로 태어났다. 세종대로 서쪽 차도를 과감히 전환해 시민광장을 만들었다. 시민광장은 도시 일상을 시민의 품으로 돌려주었고, 광화문 월대와 해치상 복원, 육조 터 흔적 재현으로 꾸민 역사광장은 잊혀진 시간의 기억을 되살렸다.

모든 변화는 시민과 함께 만들어나갔다. 시민 대토론회(2017년 5월)를 시작으로, 지역주민 현장설명회(2019년 9~12월), 매장문화재 발굴조사 현장 공개(2021년 5월)에 이르기까지 신중하게 한 발 한 발 나아갔다. 여기에 2024년 6월 의정부지 역사유

광화문에서 세종대로를 따라 시청, 숭례문을 지나 서울역에
이르는 역사문화축은 600년 수도 서울의 심장이다.
사진은 더 플라자 호텔 서울에서 바라본 모습

적광장이 문을 열었고, 2025년 계획된 세종로역사공원까지 더해지면서 주변 공간과의 유기적 연계로 광장의 가치는 한층 높아질 것이다.

변화의 물결은 지하로도 스며든다. 시청과 소공 지하상가를 잇는 보행 네트워크가 민간 정비사업과 맞물려 새로운 흐름을 만들어갈 준비를 하고 있다. 2023년 9월, 40년간 잠들어 있던 시청광장 지하공간을 공개하고 시민탐험대를 운영하며 활용 방안을 함께 모색하는 과정 또한 서울의 변화가 시민과 함께 숨쉬며 자라나고 있음을 보여준다.

금융•행정의 허브로의 도약

역사문화축은 새로운 변화의 물결을 맞이하고 있다. 광화문광장을 중심으로 자리잡은 중앙부처와 주한 공관, 기업 및 금융기관 본사들의 밀집도를 한층 더 강화하는 계획이 추진되고 있다. 이를 위해 프리미엄급 오피스를 지속적으로 공급하고, 미시행 구역 정비와 재개발을 적극 검토하고 있다. 마이스(MICE) 산업 관련 시설 도입, 금융업 경쟁력을 높이기 위한 금융 특정개발진흥지구 확대도 함께 준비 중이다.

광화문광장의 인기는 날로 높아지는 중이다. 광화문광장 재개장 이후 2022년에 시행한 방문객 조사(출처 『광화문광장 2022』)에서 외국인 관광객 98.2%가 '만족'을 표했고, 전체 응답자의 87.2%가 관광과 휴식을 위해 다시 찾고 싶은 공간으로 이곳을 꼽았다. 2024년 시행한 '2023년 서울 서베이'에서는 더 의미 있는 결과가 나왔다. 서울의 랜드마크를 묻는 질문에 서울시민은 광화문광장을 2순위로 꼽았고, 외국인은 광화문광장을 1순위로 꼽았다. 서베이 결과는 광화문광장이 명실상부한 서울의 상징으로 자리매김했음을 보여준다. 전통과 혁신이 공존하는 역사문화축은 이제 글로벌 도시 서울의 새로운 심장부로 자리잡아 한국의 찬란한 역사와 역동적인 현재를 동시에 보여주고 있다.

광화문광장의 2007년 모습(위)과 광화문 월대를 복원한 2023년의 모습(아래)

2024년 광화문광장의 모습. 세종대로 서쪽 차도를 과감히 없애고 광장을 만들었다.

광화문 위에서 바라본 세종대로의 역사문화축

관광문화축(인사동-명동)

검은 기와에서 붉은 벽돌까지

북촌과 인사동의 기와지붕 아래로는 전통의 숨결이 이어지고, 명동과 관철동의 화려한 빛 속에는 현대적 감각이 살아 숨쉰다. 서울시는 이러한 지역별 특성을 지구단위계획으로 더욱 선명하게 관리하고 있다. 2009년 수립된 북촌 제1종지구단위계획은 건축물 외관과 옥외광고물까지 세세하게 관리한다. 이를 통해 과거 거주자 중심 공간이었던 북촌을 고궁과 내사산이 어우러진 주거지로서의 장소성을 지키면서도 갤러리와 카페가 들어선 '핫플레이스'로 변모시켰다. 가회동과 계동은 한옥주거지로서의 정체성을 유지하고, 경복궁에 면한 삼청동길은 공예와 미술이 어우러진 문화상업공간으로 발전시켰다.

앞으로는 북촌-인사동-관철동-명동으로 이어지는 관광문화축과 청계천이 만나는 종로, 을지로 일대를 관광상업허브로 발전시키되, 획일적 보존이 아닌 지역 맞춤형 관리체계를 구축할 계획이다. 예를 들어 경관보호지역인 인사동의 경우, 기존 30m 높이 제한을 40m까지 완화하되 건축자산 진흥구역의 특성을 살려 역사문화자원을 활용한 개발을 유도할 계획이다.

한편 명동은 시간의 다양한 층위가 공존하는 독특한 공간이다. '명동 관광특구 특화가 조성 사업'을 통해 화려한 쇼핑지로서의 매력을 강화하면서도, '명동성당 특별계획구역 세부개발계획'(2011년)처럼 1898년 만들어진 역사적 장소도 세심하게 보존하고 있다. 이처럼 종교적·역사적 가치를 지닌 건축물과 활기찬 상권이 조화를 이루는 명동의 정체성은 관광문화축이 나아가야 할 방향을 보여주는 좋은 본보기이기도 하다.

안국동사거리에서 남산을 바라본 모습. 오른쪽에 있는 도로가 관광문화축이다.

인사동은 건축자산 진흥구역의 특성을 살려 역사문화자원을 활용한 개발을 유도했다.

종교적·역사적 가치를 지닌 건축물과 활기찬 상권이 조화를 이루는 명동은 관광문화축이 나아가야 할 좋은 본보기이다.

녹지문화축 (창경궁-세운상가-남산)

끊어진 것을 잇고, 사라진 것을 복원하는 일

끊어진 녹색 허리를 잇다

북악산에서 시작해 남산으로 이어지는 남북녹지축은 오랜 세월 서울의 숨결이었다. 하지만 급속한 도시화 과정에서 이 맥은 끊어졌고, 그 자리에는 콘크리트 건물들이 들어섰다. 특히 종묘-퇴계로 구간은 금속, 전기·전자, 인쇄출판 등 제조산업이 밀집해 중요한 산업지대로 발전했으나, 산업의 고령화와 상주인구 감소, 노후 건축물 안전 문제 등 여러 도전에 직면해 있다.

이제 이 일대가 다른 성장동력을 만들고 있다. 2006년 재정비촉진지구로 지정된 이래 정보통신기술(ICT) 관련 신산업을 유치하는 한편, 단절된 녹지축도 복원하는 종합적인 도시재생을 꾀하고 있다. 이러한 복원의 시작으로 종묘와 맞닿는 세운상가 시작점에 2009년 '세운 초록띠 공원'을 조성했다. 도심 산업 경쟁력 강화와 도시 환경의 개선이라는 두 가지 과제를 동시에 해결하려는 시도다.

'세운 초록띠 공원'은 종묘에서 시작해 2015년 남산까지 연결할 계획이었다. 2009년 9월 그중 1단계 사업으로 세운상가 내 현대상가 자리(종로구 장사동 116-3번지 일대)에 길이 70m 폭 50m, 면적 3,500m²의 녹지광장 준공식을 열었다. 이 1단계 사업으로 종묘와 청계천 사이 구간의 절반이 녹지광장으로 조성되어 잔디와 나무가 심어졌다. 2015년 사업이 완성되면 종묘와 남산 사이에는 폭 90m, 길이 1km에 이르는 대규모 녹지대가 형성될 예정이었다.

세운상가의 활력

먼저 2022년 창경궁과 종묘를 잇는 첫걸음이 가시화되었다. 일제가 허문 궁궐담장 503m를 본래 모습 그대로 복원하고, 두 궁궐 사이 8,000m²를 녹지대로 조성했다. 2024년 3월에는 더 큰 그림이 그려졌다. 세운상가를 비롯한 7개 상가군을 단계적으로 공원화하는 계획을 발표했다. 세운상가, 청계상가, 대림상가, 삼풍상가, PJ호텔, 인현상가, 진양상가를 아우르는 세운재정비촉진지구 재정비촉진계획 변경(안) 사업은 광화문광장의 3배에 달하는 13만 9천m²의 녹지를 그리고 있다. 이 일대를 북악산, 종묘, 남산의 자생수종이 어우러진 도심 속 생태공원으로 만들고 2km 길이의 감성 물길을 청계천으로 이어 물과 녹음이 어우러진 도심 속 쉼터로 꾸밀 예정이다.

창경궁과 종묘의 2015년(위)과 현재 모습(아래). 일제가 허문 궁궐담장 503m를 본래의 모습 그대로 복원하고, 창경궁과 종묘 사이 8,000m^2를 녹지로 조성했다.

이 계획은 단순한 녹지 조성을 넘어선다. 용도지역 상향을 통해 프라임급 오피스 10여 개를 세우고, ICT, 영상, 제조, 패션 등 다양한 신산업을 유치할 예정이다. 창조 교류 플랫폼을 통해 다양한 분야의 전문가들이 만나 소통하는 혁신 거점으로 변모할 것이며, 1,000세대의 도심주택을 더해 생활과 직장이 어우러진 활력 넘치는 복합공간으로 거듭날 것이다.

'힙지로'는 종묘, 퇴계로까지

종묘에서 퇴계로까지 이어지는 구간은 녹지생태 도심 재창조의 핵심 거점이자, 도심 산업 생태계의 중요한 축이다. 서울시는 이곳의 균형 있는 발전을 위해 기존 소상공인을 위한 공공임대상가를 단계적으로 공급하며, 을지로 일대는 용도지역을 중심상업지역으로 상향해 100만m² 이상의 신산업 인프라를 확보할 계획이다.

특히 도시재정비촉진지구 주변에 형성된 도심 특화제조산업의 생태계를 살리면서, 새롭게 들어설 신산업 시설들과의 시너지를 만들어내는 것이 핵심이다. 이를 위해 다양한 지원 방안을 마련해 기존 산업과 신산업이 융복합된 새로운 클러스터로 발전시켜 나갈 예정이다. 대형상가군의 경우, 재정비사업의 진행 상황에 맞추어 단기적으로는 청년 창업 거점공간으로 활용하고, 장기적으로는 거점 녹지공간으로 조성해 신산업 활동이 더 활발하게 이뤄지도록 유도할 계획이다.

시는 주민공람을 시작으로 지역주민, 시민, 각계 전문가의 의견을 폭넓게 수렴하며 계획을 다듬어 갈 예정이다.

2014년 세운상가 일대의 모습(위)과 녹지문화축의 특성을 살린 계획안 조감도(아래)

복합문화축(대학로-DDP-장충동)

K-스타일 산업의 전진기지

대학로에서 시작해 동대문을 거쳐 남산으로 이어지는 길은 서울의 문화와 산업이 켜켜이 쌓인 곳이다. 특히 청계천과 맞닿은 동대문 일대는 한국 패션산업의 요람이자 미래를 여는 혁신의 무대가 되고 있다. 2014년 옛 동대문운동장에 미래 디자인을 입혀 탄생한 동대문디자인플라자(DDP)는 이 지역의 새로운 랜드마크이자 패션·뷰티 산업의 거점이 되었다. DDP와 그 주변지역은 8,817억 원의 생산유발효과와 5,129명의 고용창출을 이끄는 등 경제적 파급력도 상당하다.(출처 서울정책아카이브) 이제는 자체 브랜드 개발부터 인재 육성, 스타트업 지원까지 DDP는 단순한 건축물을 넘어 창조산업의 플랫폼으로 자리매김했다.

이제 동대문 일대는 더 큰 그림을 그린다. K-콘텐츠의 글로벌 성장과 맞물려 패션·의류 중심에서 뷰티산업까지 아우르는 '서울 스타일'의 산실이자 허브로 진화하고 있다. 대학로의 청년문화, 동대문의 글로벌 트렌드, 그리고 남산의 자연까지 연결하는 이곳 복합문화축은 서울의 감각과 스타일을 새롭게 디자인하는 무대다.

복합문화축은 대학로의 청년문화에서 시작해 패션과 뷰티 산업의 거점인 DDP, 그리고 남산의 자연까지 이어진다.

용산국제업무지구

도시공간 대개조의 새로운 장

미래 서울의 중심, 용산국제업무지구

용산은 조선시대부터 서울의 중요한 지리적 요충지로, 현재는 서울 3도심(서울 도심, 영등포·여의도, 강남)의 핵심지역이다. 오랜 세월 서울의 미래 중심지로 주목받아온 용산이 마침내 그 잠재력을 꽃피울 준비를 하고 있다. 용산국제업무지구는 약 49.5만m² 규모의 '도시공간 대개조' 핵심 프로젝트로서, 현대 도시가 직면한 기후위기, 디지털 전환, 글로벌 기술 경쟁이라는 난제에 도전장을 내밀었다.

용산국제업무지구는 일·주거·여가를 한곳에서는 누리는 '입체복합 수직도시', 기후변화에 대응하는 '자연친화 미래도시'라는 두 가지 개발목표와 ①융복합 국제업무도시, ②입체보행 녹지도시, ③스마트 에코도시, ④동행감성도시라는 4대 핵심 전략으로 추진된다.

용산국제업무지구의 브랜드명은 '용산 서울 코어'로 정했다. 용산국제업무지구는 글로벌 도시 경쟁력을 강화하고, 변화하는 도시 패러다임에 대응하며, 용산의 잠재력을 최대한 활용하여 미래 서울의 중심지 역할을 할 것으로 기대된다.

용도와 기능이 어우러진
'융복합 국제업무도시'

용산국제업무지구는 먼저 한 건물 또는 도보권 내에서 업무, 주거, 여가 등 생활에 필요한 모든 활동과 이동을 해결할 수 있는, 보행일상권을 적용한 '콤팩트시티(Compact City)'를 구현한다. 또한 세부적으로는 국제업무존, 업무복합존, 업무지원존의 3개 존으로 구분된다. 국제업무존에는 프라임급 오피스, MICE 시설, 호텔, 광역환승센터 등을 조성하고, 업무복합존은 인공지능, 빅데이터 관련 시

용산국제업무지구의 조감도. 이곳은 일·주거·여가를 한곳에서 누리는 '입체복합 수직도시'이자, 기후변화에 대응하는 '자연친화 미래도시'이다.

설을 유치하여 서울의 신산업 경쟁력을 강화하며, 업무지원존은 주거 · 교육 · 문화 등 지원시설이 들어서 국제업무지구의 윤활유 역할을 하게 된다.

자연과 보행 중심의 '입체보행 녹지도시'

지하부터 지상, 공중에 이르기까지 공간 전체를 입체적으로 활용하여 사업부지만큼 녹지를 확보한다. 구역 면적의 20%는 '도시계획시설'로 공원 · 녹지를 확보하고 30%는 민간의 공개공지 등을 활용해 '개방형 녹지'로, 나머지 50% 내외는 '건물 테라스나 옥상 · 벽면녹화' 등으로 확보한다는 구상이다.

지상공원 등 평면 녹지뿐 아니라 공중녹지(그린스퀘어), 순환형녹지(그린커브), 선형녹지(그린코리더) 등 수직 · 수평 녹지를 폭넓게 확보하고, 용산공원~한강공원~노들섬으로 이어지는 녹지보행축을 완성한다는 계획이다.

서울형 탄소중립도시의 시작 '스마트 에코도시'

용산국제업무지구는 2050년 탄소중립 실현을 위한, 친환경 탄소제로 정책의 상징적인 지구로 조성될 예정이다. 이를 위해 첨단 대중교통 인프라 확충으로 대중교통수단 분담률을 70%까지 높이고, 발생 교통량을 절반으로 줄일 예정이다. 친환경 신교통수단 도입, 내연기관차 제한, 전기차 인프라 확충으로 탄소 배출을 감축한다. 또한, '서울형 LEED'를 최초로 적용해 지역 단위 친환경 인증을 실시할 계획이다.

시민·세계인의 활력이 모이는 '동행감성도시'

용산국제업무지구는 시민과 세계인이 함께 즐기고 소통하는 동행감성도시를 지향한다. 'Hip(힙)하고 Fun(펀)한 도시'를 목표로 문화 · 여가 시설과 프로그램이 다양한 규모로 도입될 예정이다.

한강의 파노라마 뷰를 제공하는 스카이트레일(전망보행교)을 조성하는 한편, 공연, 전시, 체험을 즐길 수 있는 콘서트홀, 뮤지엄 등이 집적된 (가칭)서울아트밴드를 조성할 계획이다. 초고층 건물 상층부에는 공중정원, 공중놀이공간이 마련되어 도시의 새로운 랜드마크를 제시한다. 뿐만 아니라 옛 '만초천' 물길을 살린 수공간과 한강공원까지 이어지는 덮개공원도 조성된다. 이 공간들은 사계절 내내 다채로운 문화행사와 축제의 무대가 되어 시민들에게 색다른 도시 경험을 선사할 예정이다.

단계적으로 실현하는 용산국제업무지구

용산국제업무지구의 개발은 공공과 민간의 협력을 통해 단계적으로 추진된다. 1단계로 코레일과 SH공사가 기반시설을 조성하고, 2단계로 민간이 창의적이고 혁신적 디자인의 건축물들을 조성할 예정이다. 이러한 단계적 접근은 과거 사업 무산을 교훈 삼아 보다 안정적이고 효과적인 개발을 가능하게 할 것이다.

또한, 서울을 싱가포르, 홍콩과 함께 아시아 · 태평양 비즈니스 3대 거점으로 도약시키기 위해 글로벌기업의 아시아 · 태평양 헤드쿼터를 용산국제업무지구에 유치하는 것도 목표로 하고 있다. 이를 통해 일자리 창출과 투자 확대 등 경제적 효과를 불러오는 것은 물론이고, 서울을 글로벌 TOP 5 도시로 도약시키려는 것이다. 용산국제업무지구는 향후 서울의 새로운 중심지이자 미래 도시의 롤모델로 자리매김할 것으로 기대를 모으고 있다.

지하부터 지상, 공중에 이르기까지 공간 전체를 입체적으로
활용하여 사업부지만큼 녹지를 확보한다.

용산국제업무지구는 'Hip(힙)하고 Fun(펀)한 도시'로 다양한
문화·여가 시설과 프로그램이 도입될 예정이다.

동남권(국제교류복합지구, GBC)

한강과 탄천 사이,
지상과 지하의 이중주

'공정과 상생의 균형도시 서울'이라는 비전 아래, 서울은 지역 간 격차 해소와 각 권역의 특성화된 발전을 추구하고 있다. 그중에서도 동남권은 서울의 글로벌 경쟁력을 이끌어갈 새로운 성장 엔진으로 주목받고 있다. 동남권은 탄천과 한강이 그려내는 푸른 물길과 대한민국 경제성장의 상징이 된 강남의 역동성이 어우러진 곳으로, 코엑스에서 잠실종합운동장에 이르는 199만m^2의 대지에는 이제 국제교류복합지구라는 미래의 이정표가 세워진다.

첫 번째 거점인 현대차 글로벌비즈니스콤플렉스는 대지면적 약 74,000m^2의 대규모 부지에 업무, 문화, 숙박 등 다양한 시설이 들어선다. 여기에는 16,500m^2 규모의 전시·컨벤션 공간과 2천 석의 글로벌 공연장, 265실의 호텔이 들어선다. 과거 기업의 사적 공간은 폐쇄적이었지만, 앞으로 이곳은 코엑스에서 시작해 탄천을 거쳐 한강까지 이어지는 대규모 보행 네트워크를 유입시키며 시민과 함께 숨 쉬는 열린 공간으로 조성될 것이다.

잠실운동장은 동남권의 두 번째 거점이자 복합문화의 새로운 무대다. 11만m^2 규모의 전시·컨벤션 시설을 중심으로, 3만 석 규모의 야구장과 1.1만 석의 스포츠 콤플렉스, 3천 석의 수영장이 어우러진 스포츠·문화의 랜드마크가 들어선다. 여기에 수변 레저시설이 더해져 시민의 일상에 여가와 휴식이라는 새로운 리듬을 더할 것이다.

또 하나의 거점인 영동대로는 대규모 지하 공간을 품을 예정이다. 미래형 교통의 신세계가 지하에 자리 잡고, 그 위로는 국제업무지구의 활기찬 풍경이 펼쳐질 것이다. 복합환승센터를 중심으로 한 첨단 인프라는 이 공간을 세계를 향한 서울의 새로운 관문이자 글로벌 비즈니스의 심장부로 끌어올릴 것이다.

서울시는 2010년대 서울의료원, 한국감정원, 한국전력 등의 이전과 지하철 9호선 개통으로 차근차근 다져온 기반 위에, 2029년까지 9.2조 원을 투자해 이 청사진을 현실로 만들어 갈 것이다. 단순한 개발을 넘어 미래 도시계획 100년의 새로운 장을 여는 역사적인 도전이다.

동남권의 국제교류복합지구 조감도

영동대로 지하에 들어서는 대규모 공간에는 미래형 교통 인프라인 복합환승센터가 조성될 예정이다.

코엑스에서 잠실운동장에 이르는 199만m²의 대지에 국제교류복합지구를 계획 중이다.

동북권(창동상계, 광운대역세권)

미래 산업을 키우는 인큐베이터

서울의 균형 발전이라는 오랜 숙제 앞에서 동북권이 변화에 박차를 가하고 있다. 강남 중심의 개발 시대를 지나 이제는 서울 전체가 하나의 유기적인 도시로 진화하는 시점. 그 변화의 중심에 창동·상계와 광운대 역세권이 자리 잡고 있다.

먼저, 광운대 역세권은 지역의 자족성을 강화한다. 2025년이면 시멘트 사일로와 차고지가 있던 14만여m²의 부지가 49층 높이의 랜드마크로 태어난다. 이는 업무와 상업, 주거가 어우러진 복합도시의 청사진이다. 서울시는 공공기여금으로 개발사업지 내 시설은 물론, 주변 인프라도 획기적으로 개선한다. 특히 철도와 물류부지로 단절됐던 동-서를 잇는 연결도로와 두 개의 보행육교로 지역의 혈맥을 뚫는다.

K팝의 새로운 성지가 될 서울아레나도 모습을 드러낸다. 서울아레나는 2027년 준공을 목표로 하는 국내 최대 규모의 실내 공연장이다. 대규모 K-POP과 글로벌 투어 콘서트가 여기서 열릴 테고 그러면 동북권은 음악 산업의 메카로 성장해갈 것이다.

창업의 불꽃도 타오르기 시작했다. 2023년 준공된 씨드큐브 창동과 2021년 문을 연 서울창업허브 창동은 미래의 기업가를 키우는 인큐베이터로 자리매김했다. 특히 이들 기관은 문화산업 기업 유치에 집중하며 주변 개발사업과의 시너지를 그리고 있다.

GTX-C노선 신설과 동부간선도로 지하화 등 교통 인프라가 완비되면 강남과 강북, 강서와 강동의 경계는 허물어지고 서울과 경기도가 하나의 생활권으로 이어질 예정이다. 그 속에서 동북권은 수도권 동북부의 새로운 심장으로 뛰기 시작할 것이다.

창동역 일대 전경. 중앙에 있는 고층 건물은 2023년 준공된 씨드큐브 창동이다. 사진 왼쪽에는 서울로봇인공지능과학관, 서울사진미술관, 서울창업허브 창동이 있다.

서북권(상암재창조)

펀(Fun)한 서울의 실험실

창조산업의 요람 한강이 굽어흐르고 하늘공원의 억새가 춤추는 서북권은 서울의 숨은 보석이다. DMC를 중심으로 한 상암·수색지역은 이제 그 빛깔을 더욱 선명히 드러내려 한다. 직장과 주거, 여가가 조화롭게 어우러진 이상적인 도시를 꿈꾸며 월드컵공원과 한강공원으로 이어지는 풍부한 녹지는 그 가능성을 더욱 키운다.

한류 열풍의 새 중심지, 상암

서울의 발전과 함께해 온 상암 지역이 '다른 도시들의 미래'라는 비전 아래 또 한 번의 도약을 준비한다. 자연과의 공존, 즐거움과 활력이라는 꿈을 담아 세계로 통하는 서울의 관문으로 그 모습을 갖춰가는 중이다.

철도와 도로로 단절되었던 주거와 산업, 관광·여가 공간이 하나의 캔버스가 되어 K-콘텐츠를 통해 DMC와 월드컵공원, 한강을 한 폭의 그림처럼 담아낸다. 미래의 교통수단이 도입되고, 지금의 대중교통이 유기적으로 연결되어 시민과 관광객 모두에게 열린 공간으로 거듭난다.

민간의 창의적인 상상력이 도시에 생기를 불어넣는 실험도 한창이다. 2024년 가을, 서울시와 민간기업이 손을 잡고 하늘공원과 난지한강공원에서 액션과 숲을 테마로 하는 가족 스포츠 축제를 펼치기도 했다. 시민들이 도시의 바쁜 일상을 벗어나 상암의 매력적인 자연과 함께 즐거움을 충전하는 시간을 보낼 수 있었다.

새로운 상암의 시작인 문화비축기지는 2025년 9월, 대중문화와 미디어콘텐츠가 어우러진 모두의 공간으로 다시 막을 올린다. 노후화로 잠든 마포농수산물시장은 공원과 어우러진 K-문화의 체험장으로 깨어난다.

2029년이면 평화의 공원에 서울의 하늘을 수놓을 대관람차가 솟아오른다. K-Play & Sport의 상징이 될 이 공간은 대규모 공연과 전시를 선보이는 문화시설을 하부에 품어 안는다. 2023년 시민의 목소리를 담아 2026년 상반기 착공을 목표로 하고 있다.

이처럼 DMC와 한강을 잇는 월드컵공원 일대는 도시와 자연의 경계를 지우며 새로운 즐거움을 선사한다. 지금, 상암은 시민의 일상과 관광객의 즐거움이 교차하는 살아있는 도시 공간으로 진화하고 있다.

2030년을 향해 달리는 서북권은 이제 단순한 지리적 좌표를 넘어 서울의 창조적 에너지가 샘솟는 곳으로 거듭난다. 기억하기 좋은 생태계를 바탕으로, 일하기 즐겁고 머물고 싶은 이곳에서 서울의 새로운 이야기가 시작된다.

2029년이면 평화의공원에 대관람차가 조성된다. 하부에 대규모 공연장과 전시장 등 문화시설이 들어설 예정이다.

서남권(마곡지구)

마곡, 혁신과 협력의 도시 생태계

서남권은 인천국제공항과 김포공항, 인천항과 이웃하며 동북아 교통의 관문으로 자리매김했다. 마곡지구는 그 중심에 있다. 판교 테크노벨리의 5배, 상암 DMC의 6배에 달하는 마곡산업단지에는 현재 LG 컨소시엄, 롯데, 코오롱, 에쓰오일 등 대기업 50여 개사와 중소기업 100여 개사가 둥지를 틀었다. 이러한 산업 집적화는 강서구를 서울시 자치구 중 인구가 두 번째로 많은, 인구 60만 명이 모이는 곳으로 키워냈다.

이제 지난 시간 쌓아온 역량이 더욱 무르익어 가고 있다. 서울 4대 산업벨트 중 하나인 서남 첨단 산업벨트의 중추로서 마곡은 구로 G-밸리와 손잡고 서남권의 시너지를 키워가고 있다. 여기에 AI허브(양재), 바이오허브(홍릉), 핀테크랩(여의도)으로 이어지는 서울 산업거점들과의 연계는 도심 글로벌 기능을 한층 더 견고하게 만들 것이다. 마곡지구는 하이테크 비즈니스의 산실을 넘어선다. 산업 시찰과 의료관광, 도시체험이 어우러지고 서울식물원과 쇼핑이 한데 녹아든 MICE 복합단지가 들어선다. '서울 마이스 중기 발전계획'(2023~2027년)은 이러한 청사진에 현실성을 더한다.

특히 마곡 마이스와 서울식물원의 만남은 독특한 경험을 선사한다. 가상현실 등 디지털 기술로 채워진 미래형 마이스 환경은 전통적인 국제회의와 박람회를 넘어 e-스포츠 대회까지 아우르며 세계인의 시선을 사로잡을 것이다.

마곡지구는 서울의 4대 산업벨트 중 하나인 서남 첨단 산업벨트의 중추로서, 구로 G-밸리와 손잡고 서남권의 시너지를 키워가고 있다.

마곡지구 내의 코오롱원앤온리타워(왼쪽)와 한국카본 마곡R&D센터(오른쪽)

chapter 2

EDGE

chapter 2

천혜의 자연 한강, 시민의 문화로 돌아오다

민선 4기 이후 서울시의 한강 정책은 '르네상스'라는 한 단어로 압축된다. 그간 한강은 교통, 주거, 산업, 자연 등 여러 시각의 정책과 사업이 덧입혀졌지만, '한강 르네상스'에 와서야 비로소 문화와 일상적 생활권 범주 안으로 들어왔다. 기존에는 관리와 통제를 위해 홍수와 범람에 대비한 콘크리트 구조물 호안을 쌓았지만, 이제는 시민의 경험을 중심에 둔 정책을 반영하기 시작했다.

Story

과거에도, 지금도
서울은 물의 도시다

서울 한가운데에는 물이 흐른다. 우리는 익숙해 잊고 사는 아름다움일지 모르지만, 물을 품 안에 갖춘 도시가 당연한 건 아니다. 서울이 한강을 품고 있다는 것은 어쩌면 행운이다.

이런 풍경에 열광한 이들은 오히려 멀리 타국에서 건너온 사람들이었다. 강을 품은 도시는 서울 말고도 여럿 있지만 이렇게 맑고 폭 넓은 강이 길게 도시 한가운데를 도도히 가로지르는 수도가 그렇게 흔하지는 않기 때문이다. 한강의 강폭은 도심 주변에선 보통 1km 안팎이고, 한강대교 근처에선 1.5km나 된다. 템스강은 평균 265m, 세느강은 파리 근처에서 100~150m 정도 강폭으로 한강의 1/10 정도이며, 베니스 운하(30~70m)는 굳이 수치를 동원하지 않아도 직관적으로 우리가 아기자기하다고 느끼는 물길이다. 마치 바다를 연상시키는 뉴욕 허드슨강의 강폭이 평균 약 1.5km로 한강대교 부근과 비슷한 정도이니 우리가 매일 강변북로를 오갈 때나 다리를 건널 때 차창 밖으로 무심히 바라보는 한강의 너른 강폭은 당연한 풍경은 아니다.

생각해보면 우리가 기억하는 영화의 수많은 장면 어딘가엔 늘 강이 흐르고 있지 않았나? 〈라라랜드〉의 로맨틱한 배경이 되어준 로스앤젤레스강, 〈맨해튼〉에서 음악처럼 늘 흐르던 뿌연 흑백화면 속 이스트 리버, 〈미드나잇 인 파리〉에서 붉은 석양에 물들던 센 강변. 한강도 우리 매일의 일상과 감정 속으로 더 자연스럽게 스며들었으면 좋겠다.

"1960~80년대에 이룬 한국의 고속 경제성장을 우리는 '한강의 기적'이라 부릅니다. 근사한 말처럼 들리지만 이때 한강은 오로지 경제성장이라는 국가적 목적과 효율에 맞춰 관리되었고, 시민의 일상에서 멀어졌습니다. 한강으로 강남과 강북이 단절되었고, 강변은 아파트 단지에 막혀 공공장소임에도 서울시민이 접근하고 이용하기 어려운 장소였습니다."

1956년 한강백사장에서
수영을 즐기는 시민들

1995년 강변북로 전경

한강에 대한 기억

한강에서 다 했다. 1960년대 한여름 광나루 모래톱에선 더위를 피하려는 사람들이 앞다투어 몰려와 강수욕(江水浴)을 하고, 어부들은 한강에서 물고기를 잡았다. 옛 한강은 물자도 실어날랐다. 서해 갯벌에서 말린 굵은 소금을 배에 실어 마포나루에 부리면 상인들이 사 갔다. 마포 염리동 지명은 그 흔적으로, 소금 염(鹽) 자에 마을 리(里)를 쓴다. 조선시대에 소금장수들이 많이 살아서 그리 부른 것이다. 한강은 오래도록 서울의 자연과 문화, 그리고 산업과 깊이 맞물려 함께 흐르는 존재였다.

하지만 쉬운 강은 아니었다. 강폭이 넓고 수위 변동 폭이 커서 범람의 위험이 늘 있었다. 한강이 서울의 중심으로 자리 잡은 것은 1970년대 이후 강남 개발이 가속화되고 도시의 경계가 확장되면서부터다. 성장 가도에 오른 경제를 더욱 도약시켜야 했기 때문에 인프라 구축이 필요했고, 그래서 한강을 관리하고 이용하기로 했다.

서울시는 도심의 방해를 받지 않고 빨리 달릴 수 있는 자동차 전용도로를 한강과 나란하게 만들었다. 강변북로, 올림픽도로 같은 간선도로가 그렇게 탄생했다. 경제가 성장하고 도시 규모가 커지니 사람들이 모여 살 곳도 더 필요했다. 한강 주변으로 성냥갑 같은 대단위 아파트 단지를 만들었다. 이후에도 한강이 치수 사업 중심으로 관리되면서 강변 생태는 훼손됐고, 사람들이 여름이면 수영을 즐기며 한가로이 시간을 보내던 모래톱 강기슭은 어느새 콘크리트 구조물로 빼곡하게 채워졌다. 한강은 언제나 서울의 지리적 중심이었지만 2000년대 초까지 서울의 문화와 삶, 그리고 정책 그 어디에서도 중심 대상은 아니었다. 공간과 생태의 시각에서 한강을 바라보지 않은 것이다.

"한강 르네상스는 한강을 관리가 아닌 공존의 대상으로 전환하자는 움직임이었습니다. 강과 도시가 문화적으로 상생하며, 한강과 사람이 공존하는 모습을 고민하는, 관점의 이동인 것이죠. 그런 의미에서 한강 르네상스는 '관리 계획'이 아닌, '이용 계획'입니다."

한강 르네상스, 한강을 바라보는 정책과 철학의 변화

하지만 변화가 필요했다. 관리란 본래 방어적인 것, 최소한의 일을 뜻한다. 하지만 수동적 관리가 궁극의 답안이 될 순 없었다. 안전과 보호받는 느낌은 살아 있는 생명의 기본 조건이지만 사람은 그것만으론 살 수 없는 존재다. 우리는 배고픔이 해결되고 나면 그 이상의 것을 원한다. 사랑하는 이들과 함께하는 여가, 낭만, 다정한 시간을 원한다. 도시 생활에는 편리와 효율을 뛰어넘는 아름다움과 활력이 필요하다. 한강도 그렇게 바라보아야 했다.

서울시 한강 정책의 철학과 기조가 크게 바뀐 것은 2006년 민선 4기 때다. 이때부터 한강을 관리의 대상이 아니라 서울의 새로운 성장 동력으로 인식했다. 한강을 광활하게 열려 있는 서울의 중심지로 인식하고, 한강의 환경을 개선해 도시에

반포한강공원과 세빛섬

암사생태공원 조성 전

암사생태공원 조성 후. 한강의 지형과 식생을 회복하고자 인공녹화사업과 생태공원 조성사업을 진행했다.

활력을 불어넣기로 했다. 또한 친환경 도시로의 전환을 위해 한강이 가진 문화적 잠재력에도 주목했다.

이런 생각을 바탕으로 서울시는 2007년 12월 한강 르네상스 기본계획을 수립했다. 사회적 공감대를 형성하고자 2007년 두 차례의 국제심포지엄과 전문가 워크숍을 열었다. 1천 명에 가까운 일반시민들과 80여 명의 전문가들이 참여해 의견을 나눴고, 그 결과 한강 르네상스 기본계획이 탄생했다. 계획을 수립할 땐 비슷한 길을 먼저 가고 있는 다른 도시도 좋은 참고가 된다. 수변공간을 중심으로 도시가 활성화된 뉴욕 배터리파크, 런던 템스강, 함부르크 하펜시티는 참조할 만한 선례가 되어주었다.

회복과 창조를 위한 한강 르네상스

민선 4기 이후 서울시 한강 정책은 '르네상스'라는 한 단어로 압축된다. 그간 한강은 교통·주거·산업·자연 등 여러 시각의 정책과 사업이 덧입혀졌지만, '한강 르네상스'에 와서야 비로소 문화와 일상적 생활권 범주 안으로 들어왔다. 기존에는 관리와 통제를 위해 홍수와 범람에 대비한 콘크리트 구조물 호안을 쌓았지만, 이제는 시민의 경험을 중심에 둔 정책을 반영하기 시작했다.

가장 크게 체감할 만한 변화와 성과는 '테마가 있는 한강공원 조성'이다. 2023년 기준 연간 6,000만 명(출처 서울특별시, 시정통계)이 찾는 한강시민공원을 사람들의 변화하는 요구에 맞게 세계적인 생태 수변공원으로 가꾸고 이용하기 더 편리하게 만들기로 했다. 이 사업으로 반포, 여의도, 뚝섬, 난지 4곳에 한강특화공원을 새롭게 조성했다. 2009년 4월 27일 시민과 서울시장, 국회의원

2000년 압구정현대아파트

한강 공공성 재편 이촌지구
조감도

등 2,000여 명이 모인 가운데 반포 한강 특화 공원 준공식이 열렸다. 모스틀리 필하모닉 오케스트라가 연주하는 음악이 온화한 봄날의 공기 속으로 부드럽게 스며들었다. 달빛무지개분수가 그날 처음으로 다채로운 빛 속에 부서지는 물줄기를 내뿜었다.

서울시는 한강 르네상스가 생태를 회복시키고 문화 창조에 힘을 실어주길 바랐다. 무엇보다 중요한 것은 생태 회복이었다. 기본계획의 8대 핵심과제 중에서도 에코 네트워크의 구축이 제1의 과제였고, 가장 먼저 실행한 사업 또한 자연성의 회복에 초점을 맞추었다. 땅과 강을 오가며 한강의 지형을 복원하는 한편, 식생과 녹화를 회복하고자 2006년 인공호안 녹화사업과 2007년 여의도샛강생태공원, 암사생태공원 조성을 시작했다. 그 결과 2007년에 비해 2024년 한강의 자연형 호안은 약 90% 복원됐으며 수목은 4배 이상 증가했다. 또, 한강 서식 생물종은 30% 가까이 늘어났다.

“서울시는 한강 르네상스로 생태의 회복과 문화의 창조를 꿈꿨습니다. 무엇보다 중요한 것은 생태의 회복입니다.”

주변이 바뀌어야 한강이 변한다

1970년대 후반부터 서울을 한강 중심으로 재편해야 한다는 의견이 꾸준히 제기됐다. 동북아 경제권의 중심은 서울이 될 것이며, 그 중심은 과거의 사대문이 아닌 한강이어야 한다는 견해도 있었다. 한강은, 한강뿐만 아니라 그 주변 지역도 함께 바뀌어야 했다.

‘한강 공공성 재편 사업’은 한강 르네상스를 완성하는 계획으로 2009년 1월 ‘한강 공공성 회복 선언’과 함께 출발했다. 한강 양안 500m 범위 내외의 민간부지를 대상으로, 압구정지구, 성수지구, 여의도지구, 이촌지구, 합정지구 총 5개의 지구별 구상안을 수립해 한강 주변부 지역의 공공성을 확보하려 했다. ‘한강 르네상스’로 대변되는 서울시의 한강 정책은 독자적으로 작동하고 의미를 갖는 개별 사업이 아니며, ‘한강 공공성 재편 사업’과 상호보완적 차원에서 함께 진행해야 했다.

한강 주변 공간은 크게 제내지와 제외지로 나뉜다. 제방 안쪽이란 뜻의 제내지는 대부분 사유지로, 대단지 아파트 같은 주거지역이 포진해 있다. 반대로 제방 바깥, 한강 둔치라 불리는 제외지는 공공 영역인데 환경 정비와 개선이 필요했다.

한강 공공성 재편 사업은 주거지 중심의 제내지를 대상으로 했다. 이에 따라 당시 서울시 주택본부에서 사업을 담당했는데, 대상이 주거지 아파트인 만큼 부동산 시장과 밀접하게 연동되어 섬세한 접근이 필요했다. 당시 한강변은 전체의 약 85%가 주거지였고, 그중 80%는 재건축 시기가 다가오는 상황이었다. 대규모 개발이 예정된 아파트 단지는 철저한 마스터플랜 아래 관리 방향이 결정돼야 앞으로도 지속 가능한 수변 경관을 실현할 수 있을 터였다. 그러던 중 2008년 미국에 서브프라임모기지 사태가 일어나면서 서울의 집값이 하락했고, 아이러니하지만 이 상황이 사업 실행의 기회로 작용했다.

2027년 완공 예정인 반포한강공원 덮개공원 조감도

신반포나들목. 한강 그 자체를 바꾸는 것만큼 접근로를 개선하는 것이 중요했다.

여의도샛강 생태공원은 국내 최초의 생태공원으로 주변 환경이 열악한 상태로 방치되던 저습지의 생태계를 복원했다.

2009년 발표한 '한강 공공성 회복 선언'은 회복과 창조의 가치를 기반으로 민간개발사업의 공공성을 확보하고 마스터플랜을 제시하고 있다. 이의 실행방안 중 하나로 민간 사유지를 개발할 때 기부채납을 유도하고 반대급부로 아파트 높이 제한을 풀어 사업성을 개선하려 했다. 여의도의 경우 25% 땅을 기부채납 받아 그곳에 업무, 체육, 문화시설을 넣는 계획을 세웠다. 또 합정, 반포, 압구정, 성수 등 새로운 거점 개발계획을 수립했다. 기부채납 받은 땅들에는 대규모 공원을 조성해 도시에 긴 녹지축을 만들고자 했다.

하지만 사유지를 대상으로 했기에 사업이 온전하게 실현되기는 어려웠다. 전문가와 주민들로부터 공공성 회복의 가치와 공감대를 얻는 데에는 성공했지만 실행 방법 등에 반대 의견이 많았다. 그래도 소기의 성과라면 이촌동과 성수동에서 부지 일부를 기부채납 받아 성공적으로 공원을 조성했다는 것이다.

"아무리 좋은 장소와 환경이라도 가는 길이 막혀 있다면 이용할 수 없습니다. 한강 르네상스 초기부터 무엇보다 한강으로 향하는 접근성 개선이 가장 큰 과제였습니다. 단계적으로 대중교통을 통한 접근성 개선과 자동차전용도로 지하화 등의 방법이 효과적이었습니다."

도심과 한강을 다시 잇다

아무리 좋은 곳이더라도 가는 길이 멀고 험난하다면 사람들은 주저하기 마련이다. 오래전 한강이 그랬다. 어둡고 음침한 '토끼굴'을 지나야 하거나 무서운 속도와 굉음으로 가득 찬 자동차전용도로를 건너야 했다. 또 보행자에게 길을 알려주는 이정표도 친절하지 못했다. 그래서 한강 자체를 바꾸는 것만큼 그 접근로를 새로 만들고 개선하는 것이 중요했다.

한강의 접근성 개선은 크게 한강으로 가는 대중교통 확충과 보행 접근성 강화, 그리고 한강을 둘러싼 자동차전용도로의 개선, 두 가지 측면으로 구상했다. 일명 토끼굴로 불리는 어두컴컴한 지하터널을 통과해 한강에 오가던 상황을 개선하고 자동차전용도로를 지하화하는 방법 등이 제시됐다. 현재 강변북로 위, 한강과 연결되는 공원인 망원초록길은 이를 실현한 대표적인 예다. 도로와 다른 레벨로 한강과 도심을 이으면서 녹지를 조성했다. 한편, 신촌에서 홍대로 이어지는 대학가를 보행로로 한강까지 연결하거나, 한강으로 통하는 보행전용교를 놓는 계획도 있었다. 결국 한강으로 가는 길이 편해야 거기 있는 편의시설과 문화시설을 이용하는 사람도 늘어날 테니 말이다.

인간의 신체만으로 여기에서 저기로 도달하는 방법은 걷기다. 유려하게 이어지는 길은 가장 느린 방식으로 이동하는 사람의 길인 동시에 식물이 자랄 수 있는 녹지축이자 바람길이 된다. 땅과 강을 잇는 길은 모두의 길이어야 한다. 서울시는 그 길을 통해 도시에 숨통을 틔우고, 서울을 건강한 도시로 바꿔나가고자 했다.

다변화된 수상문화를 꿈꾸는 그레이트 한강

2024 파리올림픽 개회식. 이달고 파리 시장은 직접 센강에 뛰어들며 이곳에서 수영 대회를 치러낼

덴마크 코펜하겐의 하버배스

덴마크 코펜하겐의 수변 공간. 시민들이 강에서 수영과 일광욕을 즐기고 있다. 한강에 비해 수변 문화가 다채롭고 풍요롭다.

"한강 르네상스 이후 15년의 시간이 흘렀습니다. 그레이트 한강은 강 자체뿐만 아니라, 인접 지역까지 시각을 확장했습니다. 시민의 생활을 입혀 한강을 이용하는 문화를 바꾸려 했습니다. 그레이트 한강은 물과 공존하는 삶으로의 변화를 이끌 마중물입니다."

것을 약속했고 시행했다. 이번 파리올림픽은 친수 문화 관점에서 우리에게 시사하는 바가 크다. 센강에서 수영을 할 수 있게 하려고 파리가 그간 얼마나 오래 애써왔는지 보도한 외신 기사가 많다. 실은 한강이 센강보다도 수질이 좋다는 사실을 알고들 있을까? 한강을 따라 달리기는 많이 하지만 한강에서 수영한다고 하면 사람들은 깜짝 놀란다. 불과 1960~70년대까지도 백사장과 물결에 사람을 넉넉히 품었던 한강이 알면 서운해할 일 아닌가. 예전엔 마시는 물로도 썼을 만큼 깨끗한 한강물인데 강과 하천에 들어가기는 꺼린다. 그만큼 수변문화가 단조롭다.

그레이트 한강은 바로 이런 수변문화에 다양성을 주기 위한 정책으로, 4대 핵심전략과 55개 선도사업으로 이뤄진다. 첫 번째, 자연과 공존하는 한강을 꿈꾸며 강서나 샛강 등지의 한강 생태공원에 변화한 생태성을 반영해 재정비하고 자연형 호안을 복원한다. 두 번째, 이동이 편리한 한강을 실현하기 위해 도시와 한강을 잇는 길을 확충하여 그 길을 문화예술공간으로 조성한다. 세 번째, 매력이 가득한 한강을 만들기 위해 한강을 축제와 행사의 장으로 만들고 도시의 문화예술공간과 연계한다. 네 번째, 활력을 더하는 한강을 만들기 위해 한강변 주거지 재건축에 대한 도시계획을 지원하여 공공성을 강화하고 경관을 개선한다.

그레이트 한강의 대표적인 기획으로 수상 오피스와 수상 호텔이 있는데, 이는 하드웨어 그 자체보다도 강을 사용하는 문화를 바꾸려는 시도다. 한강에 직접 몸을 담가도 된다고 말하기 이전에, 우선 물과 공존하는 도시의 모습을 보여줌으로써 시민들이 한강을 더욱 친숙하게 느끼도록 넛지(nudge, 슬쩍 찌르기)하는 것이다.

2023년에 시작한 그레이트 한강은 '한강 르네상스'의 연장선이다. '한강 르네상스 2.0'이라고도

수변감성도시 조성 후 도림천. 사람들이 수변테라스의 벤치에 앉아 휴식하고 있다.

도림천은 폭이 좁고 보행로와 하천의 단차가 작은 특성을 가지고 있다.

부르는 이 정책은 2007년에 시작한 한강 르네상스 이후 15년간 변화한 서울의 도시 · 문화적 상황을 새롭게 반영했다. 한강 르네상스의 앞선 흐름을 계승하면서도 도시 공간적 측면에서 한강을 바라보기 때문에 접근방식이 다르다. 그레이트 한강은 한강에 접한 필지 단위의 문제가 아니라 강을 둘러싸고 있는 공간 환경의 문제로 시각을 확장했다. 도시 공간과 강을 유기적으로 연결해 바라보자 한강의 새로운 가능성을 발견할 수 있었다.

서울의 수변 감성 네트워크

한양 도성은 물을 중심으로 탄생했다. 당시 도성의 중심은 청계천이었는데, 이를 기준으로 방위에 따라 북촌, 남촌, 서촌, 동촌으로 구분했다. 그때 형성된 지역의 기능은 현재까지 유지되고 있으니 이 경계와 역할을 형성했던 지천의 중요성을 실감할 수 있다. 서울에는 청계천, 중랑천, 안양천, 탄천 등 다양한 지천이 있는데, 이곳의 물이 모여 한강을 이룬다.

서울시의 수변감성도시 사업은 기후위기의 시대적 상황 속에서 지천을 되살리고 천변에 문화 휴식 공간을 조성하는 것이다. 서울시 전역에 흐르는 소하천과 실개천의 수변공간을 재편하자는 목적이다. 그러면서 물길을 따라 지역의 특성을 담고 문화, 경제, 휴식이 공존하는 새로운 유형의 수변공간을 만들겠다는 계획이다.

수변감성도시 1호 사업으로 새롭게 조성된 홍제천은 조선시대 수도 방어시설인 홍지문과 탕춘대성에서부터 내려오는 고유한 물길이었다. 이곳은 인공폭포로도 유명한데, 수변감성도시 사업으로 폭포 맞은편에 방치되어 있던 주차장과 창고를 카페와 도서관으로 리모델링했다. 폭포를 바라보며 책을 읽거나 일을 할 수 있는, 일과 여가가 양립하는 공간으로 탈바꿈한 것이다. 다음으로 조성된 곳은 도림천이다. 도림천은 폭이 좁은 하천의 특성을 고려해 벤치와 그늘쉼터 등이 입체적으로 조성됐다. 서울시는 1개 자치구당 1개소 이상의 수변공간을 조성할 계획이다. 이런 장소를 확대해 시민의 생활권 가까이 일상적 문화공간을 만들고자 하는 것이다.

MAP

EDGE

10
한강 르네상스 /
반포한강공원

11
한강 르네상스 /
여의도한강공원

12
한강 르네상스 /
난지한강공원

13
한강 르네상스 /
뚝섬한강공원

14
그레이트 한강 /
스카이 스위트 &
수상호텔

15
그레이트 한강 /
한강아트피어

16
그레이트 한강 /
한강버스

17
한강 공공성 재편 /
압구정지구 &
성수지구
18
한강 공공성 재편 /
여의도지구
19
한강 공공성 재편 /
나들목 & 연결보행교
20
수변감성도시 /
홍제천
21
수변감성도시 /
도림천
성수지구
17
17
13
압구정지구
10
19

반포한강공원
한강에서의 달구경

흙바닥에 아름다움을 심다

한강 르네상스 사업의 가장 상징적이고 대표적인 성과를 꼽으라고 한다면 바로 반포한강공원일 것이다. 과거 잔디밭과 초지, 흙바닥 운동장이었던 이곳 풍경은 2009년 4월 한강 특화 공원으로 준공된 이후 아름답고 여유로운 문화와 휴식의 장소로 완벽하게 바뀌었다. 반포한강공원 사업은 한강변 문화기반 조성을 목표로 진행됐다. 이 목표 아래 반포대교 남북단 광장을 포함한 특화공원을 조성했고, 한강 르네상스의 모뉴먼트(monument, 기념비적인 건축물)인 세빛섬을 만들었으며, 다리 자체가 작품이 되는 달빛무지개분수를 선보이고 잠수교 보행환경을 개선했다. 총 394,000m² 규모로 2.4km에 이르는 둔치공원에 문화 여가 활동공간(240,000m²), 자연형 저수호안부(105,000m²), 호안 전망데크(5개소), 자전거도로(2,300m), 접근로 및 주차장을 설치했다.

달 뜬 광장 풍경

반포한강공원의 디자인과 테마는 달이다. 다리에서 아래 공원을 굽어보면 잠수교를 사이에 두고 초승달 모양의 유선형 마루가 동쪽에 2개, 서쪽에 3개 있다. 초승달이 보름달로 변하는 과정을 형상화한 것인데, 이렇게 달을 콘셉트로 삼은 것은 이곳이 조선 초부터 달을 보기 좋은 장소였다는 역사적 유래가 있어서다. 달밤 풍경이 아름다워 조선시대에는 제천정이란 정자도 있었다고 한다.

376,000m² 규모의 남단 광장과 공원은 그중에서도 시민들에게 가장 사랑받는 장소다. 바닥을 흑색, 진회색과 회색 등 무채색 계열의 콘크리트로 포장하고, 초승마루의 사면에 잔디와 철평석으로 초승달의 형상과 빛깔을 표현했다. 한강을 앞에 두고 멀리 남산을 조망하며 달빛무지개분수를 감상할 수 있는 리버스탠드는 이제 한국인과 외국인 모두에게 한강 풍경을 감상하는 명소로 자리잡았다. 시민들은 넓은 데크에 앉아 달빛과 분수를 바라보며 분주한 도시의 걱정거리를 잠시 내려놓고 여유를 되찾는다. 세빛섬 주변에는 578그루의 나무를 새로 심고 그늘목을 만들었다. 땡볕이 쏟아지는 한낮에도 공원을 찾는 사람들이 그늘 아래 편히 쉴 수 있게 했다. 반포한강공원은 한강 르네상스 사업의 첫 성과로, 서울 현대조경 대표작 30선에 포함됐다.

반포한강공원은 달이 콘셉트인 만큼 밤에도 시민들이 즐겨 찾을 만한 장소로 계획됐는데, 그중에서도 달빛무지개분수가 명물이다. 달빛무지개분수는 세계 최초로 건설된 교량분수이다. 분수는 다리 상·하류 양쪽에 각각 570m(총연장 1,140m) 길이로 설치되었다. 2008년 11월 세계 최장 교량분수로 기네스북에 등재됐다. 최대 분사 거리 43m에 이르는 380개 노즐에서 1분당 190여 톤의 물이 20여m 아래 한강으로 떨어지는데, 38대의 수중펌프를 통해 끌어올린 한강물을 다시 한강으로 내뿜는 방식이다. 432개 LED 분수노즐조명, 분수 전체에 설치된 190개의 메탈할라이드 램프가 포말을 그리며 떨어지는 380개의 물줄기를 비춘다. 물이 어둠 속에서 빛을 만나 화려하게 흩어지고 다시 물로 돌아가는 모습이 펼쳐진다. 무더위를 피해 한강공원을 찾는 시민들에게 분수는 마음과 몸의 더위를 모두 씻어주는 시각적 장관을 연출한다. 있는 그대로의 한강도 아름답지만, 조명과 음악이 어우러진 역동적인 물의 퍼포먼스를 경험하는 것 또한 특별하다.

반포한강공원은 2023년 문화체육관광부, 한국관광공사가 함께 선정한 밤이 더 아름다운 야간관광 명소 '대한민국 밤밤곡곡 100'에 한강공원으로는 유일하게 이름을 올렸다.

Walkability: 한강을 걸어서 건너다

반포대교는 아래에 잠수교가 나란히 있어 한강 다리 중 유일하게 이중교량구조다. 이 특징을 살려, 서울시는 잠수교의 보행환경을 크게 개선했다. 잠

과거 잔디밭과 초지, 흙바닥 운동장이었던 이곳 풍경은 2009년 4월 한강 르네상스 이후 아름답고 여유로운 문화와 휴식의 장소로 완벽하게 탈바꿈했다.

둔치공원에는 자연형 저수호안부와 호안 전망데크를 설치했다.

수교를 보행우선 교량으로 개선해 평소 차량에 우선권을 양보해야 했던 보행자들에게 과감히 걸어 다닐 권리를 준 것이다. 처음에는 보행자 전용 다리로 계획했지만, 이후 2개 차선만 먼저 보행화하는 것으로 변경하고, 차로를 2차로로 줄인 후 남은 공간은 보행 및 자전거도로로 조성했다. 이렇게 해서 한강을 사이에 두고 남북단으로 사람들의 교류를 연결했다. 또한 교량 상하부 디자인도 개선해 잠수교를 더 쾌적하게 오갈 수 있게 했다. 2023년 5월부터 11월까지 매주 열린 '차 없는 잠수교 축제'를 찾은 사람은 200만 명이다. 잠수교는 2024년 '문화의 다리, 잠수교 설계공모' 당선작을 바탕으로 2026년 한강 최초의 차 없는 보행 전용 다리로 거듭날 것이다.

2024년 '차 없는 잠수교 축제' 중에 진행했던 '잠수교 선셋 요가'

반포대교에 설치된 달빛무지개분수는 세계 최초로 건설된 교량분수이다.

여의도한강공원

글로벌 도시의 목가적 풍경

로컬과 글로벌의 만남

한강공원은 한둘이 아닌데 왜 많은 사람들이 '한강공원' 하면 여의도한강공원을 가장 먼저 떠올릴까? 여기엔 기술적 이유와 낭만적 이유가 모두 존재한다.

먼저 기술적 이유로는 여의도한강공원은 12개 한강공원 중 접근성이 가장 우수하고 이용률이 높은 곳이기 때문이다. 이 같은 중요성 때문에 4개의 특화공원 사업 가운데 유일하게 국제지명 설계공모로 진행되기도 했다. 여의도권역 특화사업은 2007년 8월부터 2010년 5월에 걸쳐 여의도동 한강공원 일대 면적 785,000m², 총 연장 3.4km를 대상으로 진행되었다.

또 하나는 기억과 이야기 때문이다. 우리는 왜 공원을 찾고 장소를 찾을까? 그건 그곳에 깃든 시간과 전해오는 이야기가 있고, 어떤 분위기를 느낄 수 있겠다는 기대가 있기 때문이다. 여의도엔 기억과 이미지가 있다. 도시개발 과정에서 인공섬으로 변했지만 한강변에서 과거의 기억을 갖고 있는 유일한 공간이 여의도다. 배후 주거지와 일반상업지역, 그리고 국회의사당과 주요 방송사가 자리한 대한민국 정치 · 금융 · 언론의 중심지이기도 하다. 여의도한강공원을 새로 조성할 땐 이런 과거의 기억을 품은 채 현재의 국제금융업무지구의 특성과 위상까지 반영해야 했다. 꽤 도전적인 과제였다.

설계공모에는 국내 4팀과 국외 4팀 총 8팀을 초청했다. 1등 당선작에는 조경설계 비욘드와 신화컨설팅이 공동 선정됐다. 심사위원장인 조지 하그리브스(George Hargreaves) 하버드대학교 교수는 "당선작은 수상터미널 주변의 공원중앙부와 여의도공원과의 강력한 연계시도가 돋보이며, 다변성이 강조된 생태형 하안선(河岸線)이 '기억'이라는 작품의 기본 콘셉트와 장소성으로 잘 구현되어 있다"고 밝혔다. 설계안은 2단계 공사과정을 거쳐 주요시설이 2009년 9월 24일 준공됐고, 이후 시설물 보완과 개선 등 추가 공사를 진행해 최종 2010년 5월 31일 문을 열었다.

모래섬의 물빛 풍경

여의도한강공원의 새로운 조성 과정에서 무엇보다 중요한 것은 과거 모래섬의 서정성과 물가라는 감성적인 기억을 다시 살리는 것이었다. 그래서 한강둔치 단면 구조를 개선해 자연성을 회복하고 캐스케이드, 계류시설, 플로팅 스테이지, 수변스탠드 및 산책로 등을 조성해 가까운 도시화 영역에서 한강공원으로 쉽게 접근할 수 있게 했다. 원래 한강이 갖고 있던 물가의 자연스런 형태를 회복하면 물가까이로 사람들을 끌어낼 수 있고, 그리하여 강과 공존했던 여의도만의 삶을 회복할 수 있을 거라 기대했다. 이를 목표로 기존 콘크리트 호안을 허물어 우리 정서에 맞는 사면으로, 수심이 낮은 자연스러운 형태의 물가를 만들었다. 또 한강과 접하는 면적을 최대한 늘리고 접근이 쉬운 지형을 만들면서, 마천루의 스카이라인으로 대변되는 여의도의 도시 풍경과 사뭇 다른 인간적이고 아늑한 한강변을 만들었다.

이 중 가장 두드러지는 장소는 단연 '물빛광장'이다. 7,840m²에 이르는 이 수경공간은 여의도공원에서 한강으로 직접 이어지는 물길로, 워터프론트와 여의도 안쪽 도시를 적극적으로 연결하는 장치다. 주변 업무시설과 주거시설에 머무는 사람들은 이 계단식 물길을 따라 자연스럽게 아래쪽 여의도한강공원으로 스며든다. 여기엔 다채로운 분수가 있다. 수심이 30cm로 얕아 아이들에게는 놀이공간이 되고, 도시민에게는 여가공간이 된다. 아이들은 앞뒤 생각하지 않고 옷을 흠뻑 적시며 뛰어들고, 어른들도 동심을 떠올리며 신발을 벗고 어느새 이곳을 걷고 있다. 바닥분수, 워터젯분수, 곡사분수 등이 다양하게 조합된 이곳은 바라보기만 해도 즐겁다.

물빛광장이 동적 경험을 유도한다면, 지하철 여의나루역에서 물빛광장으로 415m에 걸쳐 조성된

물빛광장은 여의도공원에서 한강으로 직접 이어지는 물길로,
워터프론트와 여의도 안쪽 도시를 적극적으로 연결하는 장치다.

기존 콘크리트 호안을 허물어 사면을 조성하고, 수심이 낮은
자연스러운 형태의 물가를 만들었다. 한강 물과 접하는 면적을
최대한 늘리고, 접근이 쉬운 지형을 조성했다.

'피아노물길'은 남녀노소 모두에게 탁족의 기쁨을 주며, 한강의 경치를 여유롭고 정적으로 즐기도록 만든다. 서울의 한복판을 가로질러 흐르는 한강(서울시계 구간 41.5km)을 1/100로 축소해 놓은 물길에는 한강다리 23개와 12개 한강공원별 명소가 픽토그램으로 새겨져 있고, 한강 전체를 한눈에 조망할 수 있도록 조성되었다. 폭 3m의 이 물길은 지하철 5호선 여의나루역에서 나오는 지하수(2,800t/일)로 채워지고, 이 물은 다시 물길을 따라 물빛광장으로 흘러간다.

공연의 무대가 된 한강

물빛광장에서 서쪽으로 조금 걷다보면 작은 딱정벌레를 닮은 야외공연장이 나온다. 이채로운 색감을 자아내는 이곳은 한강 위에 떠 있는 플로팅 스테이지로, 2,200석 규모의 스탠드를 갖춘 세계 최초의 개폐식 수상무대다. 설계자인 윤창기(종합건축사사무소 경암 대표)는 물속에서 떠오르는 물방울에서 이 구조물 디자인의 힌트를 얻었다고 한다. 높이 12m, 폭 24m에 이르는 반구 공간은 칸막이가 없는 대공간으로 다양한 야외공연을 수용하고 있다. 개방형 무대지만 유리문 개폐가 가능해 날씨의 영향을 덜 받고 사용할 수 있다. 개장 후 공연장으로 활용할 때는 여의도한강공원의 각종 문화행사와 퍼포먼스를 수용하고 있으며, 화려한 음악분수와 LED 조명 및 영상 조합으로 수상 멀티미디어 쇼가 연출되기도 한다. 관객은 플로팅 스테이지의 뻥 뚫린 무대 뒤로 흐르는 한강과 밤섬을 보면서 공연을 관람할 수 있다.

여의도한강공원은 벚꽃 축제와 불꽃놀이 등 봄가을의 축제 기간뿐만 아니라 사시사철 많은 시민들의 나들이 장소와 쉼터로 사랑받고 있다. 한강 르네상스로 새롭게 문을 연 여의도한강공원은 2022년 7월 한국조경학회 회원, 한국조경설계업협의회 회원, 조경설계 전문가를 대상으로 한 설문조사에서 한국 현대 조경을 대표하는 작품으로 이름을 올렸다.

이 외에도 여의도에는 국내 최초의 생태공원이 있다. 여의도 남단 영등포와 맞닿는 곳에 있는 여의도샛강 생태공원으로 저습지로 주변 환경이 열악한 상태로 방치되던 곳을 생태계 복원을 위한 공간으로 종합 정비했다. 여의도는 글로벌과 로컬이 어우러지며 생태가 살아 숨쉰다.

플로팅 스테이지와 2,200석 규모의 스탠드는 각종 문화행사와 퍼포먼스를 수용한다.

수경공간은 수심이 30cm로 얕아 아이들에게는 놀이공간이, 도시민에게는 여가공간이 된다.

난지한강공원

쓰레기 매립지 위에 다시 꽃이 피다

난지도는 이렇게 부침 많았던 장소가 또 있을까 싶을 만큼 사연이 많은 곳이다. 난지도는 난초(蘭草)가 많이 자란다고 해서 붙여진 이름으로, 원래는 아름다운 섬이었다. 한때는 유명한 신혼여행지이기도 했다. 하지만 1978년 서울 쓰레기 매립장으로 지정되면서 산업폐기물, 건설 폐자재, 생활 쓰레기 등 9,200만 톤이 버려지며 쓰레기 섬으로 전락했다. 심지어 과거 한강종합정비사업 이후에도 오랫동안 골재 적재 장소로 이용될 만큼 소외된 곳이었다. 그러다 1998년 5월, 서울 월드컵경기장 입지가 상암동으로 결정되면서 변화가 시작된다. 난지도 매립지 안정화 사업과 공원화 사업이 본격적으로 실시됐고, 2002년 5월 마침내 난지공원이 조성됐다.

2009년 9월 새롭게 문을 연 난지한강공원은 가양대교 북단(난지천)에서 성산대교 북단(홍제천)까지 약 3.2km 길이의 한강변에 770,000m² 면적으로 조성됐다. 이곳은 고속화도로인 자유로와 이웃하고 있어 이용 동선이 끊기고 소음도 심한 편이었다. 하지만 침수 빈도가 낮고 홍수가 일어나도 유속이 느려 둔치를 적극 활용하기 좋다는 장점도 있었다. 난지한강공원은 장점을 살리고, 단점을 보완하는 방향으로 계획되었다. 자연성 회복, 레저문화 공간 조성, 세계적인 명소화 세 가지를 콘셉트로 잡았다. 그리고 각 영역의 특징에 맞춰 생태체험학습지구, 수변휴양지구, 수상레포츠지구로 나눠 조성했다.

난지한강공원의 가장 큰 특징은 생태체험학습지구다. 쓰레기 섬이었던 장소의 상처를 치유하고 다시 땅의 본모습을 회복하는 차원에서 이곳에 생태습지원과 캠핑장을 조성했다. 다른 한강 특화 공원에는 눈에 띄는 거점시설이 조성된 반면, 이곳은 시설보다 녹지 중심으로 토지가 이용되었으며, 곡선형의 부드러운 동선으로 자연성을 최대한 강조했다. 생태습지원은 이런 계획 방향을 대변하는 장소다. 약 5만7,600m² 규모로 조성된 생태습지원에는 수생식물을 비롯한 온갖 풀 50여 종 20만여 본, 수목 14종 약 1만 주들이 자연스럽게 어우러져 울창한 숲을 이룬다. 이곳이 쓰레기 섬이었다는 과거가 무색할 정도로 원시림에 들어와 있는 것 같은 신비감마저 든다. 특히 이곳은 2013년부터 야생동물 보호구역으로 지정되어 보호받고 있으며, 시민들은 수변생태학습센터와 야생탐사센터에서 이곳의 복원된 생태를 체험할 수 있다. 캠핑장은 생태습지원의 학습체험기능과 각종 수변시설 프로그램 연계가 원활한 중간지대에 위치하며, 26,000m² 면적에 1일 최대 970명을 수용할 수 있다.

이 외에도 수변휴양지구에는 중앙잔디광장, 강변물놀이장, 자전거공원, 환경놀이터, 야구장 등이 도입됐다. 39,500m² 규모의 자전거공원에는 이색 자전거 체험장, MTB코스장, 어린이자전거 교육장 등 다양한 구역이 있어 여러 가지 방식으로 자전거 타기를 배우고 즐길 수 있다. 강변물놀이장은 일반 수영장과 달리 한강물과 바로 맞닿아 있어 여기에서 수영을 하면 마치 한강에서 물놀이를 즐기는 듯한 느낌이 든다. 수상레포츠지구에 있는 12,300m² 규모의 거울분수는 높이 6m의 바닥분수다. 분수를 가동하지 않을 때엔 물을 3cm 높이로 채워두어 거울연못으로 보여준다.

그리고 공원으로 가기 쉬운 길을 여기저기 마련해 장소를 일상적으로 쉽게 누리게 했다. 사실 난지한강공원은 그동안 공원 내부 시설과 환경이 문제라기보다 접근하기 어렵다는 문제가 더 컸다. 강변북로와 자유로로 가로막혀 있어 가기가 어려웠던 것이다. 그래서 한강 르네상스에서는 공원 환경 개선 못지않게 접근성 개선에도 큰 힘을 기울였다. 각 지구마다 연결통로와 다리를 새로 만들었다. 수변휴양지구에는 폭 18m, 길이 110m 규모로 노을공원/하늘공원과 한강공원을 잇는 중앙 연결 다리를 두었고, 수상레포츠지구에는 평화의 공원과 연결되는 폭 5m, 길이 278m의 연결 다리를, 그리고 생태체험학습지구에는 차도와 보도, 생태통로가 어우러진 폭 10.8m, 길이 57m의 통로를 확보했다.

강변물놀이장은 한강물과 바로 맞닿아 있어 마치 한강에서 물놀이를 즐기는 듯한 느낌이 든다.

쓰레기 섬이었던 장소의 상처를 치유하고 다시 땅의 본모습을 회복하는 차원에서 이곳에 생태습지원을 조성했다.

뚝섬한강공원

자벌레가 감싸안은 수변 놀이공간

7호선 자양역을 내려 한강변으로 나오다보면 자벌레라는 이름의 독특한 건물이 눈에 들어온다. 이름처럼 길게 늘어져 굽어 있는 이곳은 뚝섬한강공원의 명물로, 갤러리와 카페가 있는 전망문화콤플렉스로 설계되었다. 1층에는 전시장과 카페, 3층에는 라운지형 도서관이 있는데 2024년부터는 2층을 서울형 키즈카페 시립 뚝섬 자벌레점(일명 꿈틀나루)으로 조성해 다시 주목받고 있다. 여기에서 아이들은 배를 형상화한 놀이기구를 타고 선장이 되어보는 경험도 할 수 있고, 한강의 경치를 감상하며 특색있는 놀이 공간을 즐길 수 있다.

2009년 9월에 준공한 뚝섬한강공원은 특화 공원 4곳 중 가장 마지막에 문을 열었다. 대규모 공원인 만큼 시민들이 넉넉히 장소를 즐기고 활용할 수 있도록 '여백'을 디자인 콘셉트로 했다. 잠실대교에서 영동대교까지 총 3km에 걸친 45,000m² 대규모의 수변광장은 한강 쪽으로 완만히 기울여 가림없이 탁 트인 한강을 바라볼 수 있게 했다.

뚝섬은 오래전부터 시민이 즐겨 찾는 유원지로 사랑받아왔다. 하지만 그동안 단조로운 시설과 불편한 접근성이 문제로 지적됐는데, 이번 사업을 통해 한계를 극복하고 한강 동부권 레저문화를 이끄는 도심유원지로 재정비했다.

뚝섬한강공원은 '생태 복원을 바탕으로 한 친환경 수변공간 창출'에 주안점을 두고, 회색 콘크리트 대신 식물이 자랄 수 있는 자연형 호안으로 수변환경을 정비했다. 일부 호안은 자연석으로 구성해 풍경도 아름답게 만들고, 어류 서식처로 유도하는 생태적 효과까지 얻었다. 시민도 완만하게 조성된 사면을 통해 편안하게 물가에 접근하고 물가를 즐길 수 있게 되었다.

뚝섬한강공원은 나눔의 장터, 둑기축제마당, 수변무대가 있는 문화예술공간, 음악분수, 사계절 수영장, 어린이 놀이터, 뚝섬나루마당이 있는 여가활동공간 그리고 주차장, X-게임장 등의 기타시설로 구성된다. 이 중 국제경기를 개최할 수 있는 4,800m² 규모의 X-게임장은 초급형 7개, 중급형 6개의 시설을 갖췄으며, 국제경기 개최를 통해 익스트림 스포츠와 생활체육 저변 확대에 기여하고 있다. 2024년에는 뚝섬한강공원에서 '서울국제정원박람회'가 개최되었다. 수변공원을 정원으로 활용해 강과 정원이 어우러진 여가 공간을 연출했다. 바쁜 도심 생활 속에서 문화·예술·레저의 풍요로움을 누릴 수 있는 뚝섬한강공원은 역동적이며 다채로운 한강의 즐거움이 가득 찬 공원으로 다시 태어났다.

새롭게 조성된 뚝섬한강공원의 수변광장은 한강 쪽으로 완만히 기울어 탁 트인 한강 경관을 즐길 수 있다.

자벌레는 뚝섬한강공원의 명물로, 갤러리와 카페가 있는 전망문화콤플렉스로 설계되었다.

스카이 스위트 & 수상호텔

물 위에서의 하룻밤

한강뷰 카페, 한강뷰 레스토랑, 한강뷰 호텔, 한강뷰 아파트, 한강뷰 맛집…. 검색창에 '한강뷰'를 입력하면 나오는 연관 검색어들이다. 이제 '한강뷰 호텔'이라고 하면 가장 먼저 떠올리게 될 곳이 등장했다. 2024년 7월 새롭게 문을 연 '스카이 스위트, 한강브릿지'다. 한강대교 북단 전망카페인 '직녀카페'를 리모델링해 지은 이곳은 그저 한강이 바라다 보이는 한강뷰를 넘어 한강 위 호텔이다.

2009년 서울시는 한강 조망권을 시민에게 돌려주기 위해 한강 교량 곳곳에 전망카페를 조성했는데, 직녀카페도 이 당시 만들어졌다. '다리 한가운데'라는 독특한 위치와 조망으로 많은 기대를 받았지만, 한두 시간 머물기에는 접근성이 그리 좋지 못했고, 코로나 팬데믹으로 사용이 중단되었다. 하지만 독보적인 위치에 있어 잠재력은 여전했다. 이런 특징을 살펴 서울시는 특별한 경험을 제공할 수 있는, 객실이 단 하나인 호텔로 리모델링했다.

숙박 시설로 용도를 바꾸기 위해서는 동파 방지 등 설비를 보강하고, 한강대교의 소음과 바람에도 대비해야 했다. 리모델링할 땐 과한 치장은 지양하고 기존 시설을 최대한 활용했다. 카페였을 때 외관은 알루미늄 패널과 전면 유리였는데, 여기에 알루미늄 루버를 둘렀다. 그렇게 해서 단열을 보완하면서도 차분한 이미지를 연출했고, 루버 사이사이로 기존의 형태가 읽히는 효과도 만들어냈다. 이촌 한강공원과 노들섬, 그리고 한강 너머 여의도까지. 풍성한 초록과 다양한 빌딩숲이 겹쳐지는 도시 풍경 속에 튀지 않으면서도 자연스레 존재감이 자리 잡을 수 있도록 차분한 색채를 사용했다.

내부는 144.13m², 약 44평 규모로, 최대 4명까지 입실이 가능하다. 1층은 거실과 간이 주방, 2층은 침실과 욕실로 꾸몄다. 거실에는 다양한 디자인 서적과 LP판을 마련해두었다. 천장에 선루프가 있어 날씨가 좋으면 공간을 가득 메우는 음악과 함께 하늘을 감상할 수 있다. 침실 남서쪽에는 큰 통창이 있어 노들섬, 여의도, 한강 전경이 시원하게 펼쳐진다. 이렇게 한강의 아름다운 전망을 마음 놓고 온전히 내 것으로 즐길 수 있는 공간이 또 있을까? 이곳에서 하룻밤을 보낸다면 한강에 대한 인상과 심상이 180도 바뀔 것만 같다. 전망뿐 아니라 실내 분위기 또한 감각적이다. 해외 디자이너가 참여해 서울에서 영감을 얻은 컬러와 맞춤 가구들로 공간을 채웠는데, 독특하고 다채로운 색감과 조형의 가구들이 여느 부티크호텔 이상이다.

'스카이 스위트, 한강브릿지'는 거기 머무는 것 자체가 여행의 목적이 되는 호텔을 지향한다. 1객실 체제로 운영되며, 온라인 플랫폼인 에어비앤비를 이용해 예약할 수 있다. 이번 프로젝트를 계기로, 서울시의 각종 행사에 에어비앤비와 연계해 외국인 관광객 유치를 활성화할 예정이다.

더불어, 운영을 멈췄던 한강의 다른 전망카페들도 경쟁력 있는 로컬브랜드 카페를 운영자로 선정해 2024년 10월 재개장했다. 개장 후 2024년에만 2만 명 이상의 시민이 방문하는 등 시민들의 좋은 반응이 이어지고 있다. 또, 한강 수상에 숙박, 여가, 컨벤션 등의 기능을 갖춘 호텔을 조성할 계획도 있다. 바라보는 한강을 넘어 즐기고, 경험하고, 느끼는 한강을 만들겠다는 목표다.

스카이 스위트 내부 전경(위)과 한강을 끼고 바라본 외관(아래).
이곳은 머무는 것 자체가 여행의 목적이 되는 호텔을 지향한다.
실내에는 서울에서 영감을 얻은 컬러와 맞춤 가구들이 놓여있고,
침실 남서쪽에는 큰 통창이 있어, 노들섬, 여의도, 한강 전경이
시원하게 펼쳐진다.

한강아트피어

한강에서 다이빙을!

한강의 수변 시설과 풍경은 조금씩 개선돼왔다. 하지만 여전히 사람들에게 한강은 바라보는 대상이라는 인식이 크다. 수영을 비롯해 한강에서 활동하는 데에는 아직 심리적 거리감이 있다. 수상 복합 마리나시설인 한강아트피어는 그런 면에서 한강을 이용하는 시민문화를 가장 극적으로 바꿀 거점시설이 될 것이다. 한강아트피어는 한강을 바라보는 풍경으로서뿐 아니라 역동적인 활동을 하는 공간으로 확장하려 한다. 이제 한강 안에서 동쪽 서쪽으로 움직이고, 나아가 바다까지 나아가는 가능성이 열리게 되었다.

한강아트피어는 난지, 여의도, 이촌, 잠실 4곳 선착장(마리나)을 중심으로, 한강 안에 종합적인 네트워크를 만들겠다는 계획이다. 그리하여 늘어나는 수상레저에 대한 수요를 충족할 뿐 아니라, 그동안 한정적으로 즐겨왔던 한강 수영장의 새로운 모습을 보여주겠다는 의지를 담았다.

덴마크 코펜하겐 운하의 '하버배스(Harbour Bath)', 프랑스 파리 센강의 '조세핀베이커풀(Josephine Baker Pool)', 독일 베를린 슈프레강의 '바데시프(Badeschiff)' 모두 수변에 지어진 부유식 수영장이다. 이들 시설은 해마다 많은 이들이 방문하는 관광명소이며 지역 주민의 여가 활동 명소로 자리잡았다.

이촌한강공원에 있는 한강아트피어는 거북선나루터에 조성될 예정이다. 1,600m²의 사계절 이용가능한 부유식 수영장을 비롯해, 3층 규모의 수상 건축물, 54선석의 선박 계류시설 등으로 구성된 복합 마리나시설로 계획 중이다. 한강의 부족한 선박 공공 계류시설을 확충해 증가하는 수상레저 수요를 충족할 뿐 아니라, 한강의 매력을 사계절 즐길 수 있는 복합 마리나시설로 설계할 계획이다.

이촌의 한강아트피어와 함께 시너지 효과를 낼 난지 마리나는 2024년 6월 문을 열었다. 한강에 있는 최초의 수상 친수복합시설이자 최대 규모의 계류시설인 난지 마리나의 공식 명칭은 '서울수상레포츠센터'다. 수상 계류장에는 69척 선박이 정박할 수 있고, 육상 계류장에는 86척 선박이 정박할 수 있는 규모다. 이 시설로 인해 요트나 윈드서핑, 카약 같은 개인 수상레저기구 및 개인용 선박을 한강에 정박하고 한강을 누빌 수 있게 되었다.

개인과 공공이 선박을 이용할 수 있는 곳. 드넓게 펼쳐진 한강을 배경으로 물놀이를 즐길 수 있는 곳. 수상안전교육이나 생존수영 등의 교육프로그램을 체험할 수 있는 곳. 이런 시설이 한강 곳곳에 생겨 경험이 쌓이면 한강에 대한 거리감이 빠르게 줄어들 것이라 기대한다. 직접 체험해 우리의 감각이 달라지고 나면 멀게 느껴졌던 한강 수상 시대가 친근하게 느껴질 것이다.

2024년 난지한강공원에 개관한 서울수상레포츠센터

이촌한강아트피어 조감도. 한강아트피어는 난지, 여의도, 이촌, 잠실 4곳 선착장(마리나)을 중심으로, 한강 안에 종합적인 네트워크를 만들겠다는 계획이다.

한강버스

수상 모빌리티의 닻을 올리다

서울 지하철의 편리함과 우수성은 정평이 났다. 다른 대중교통으로의 환승과 교통카드 호환성은 기본이고, 실내도 깨끗하고 어디서든 인터넷 접속이 가능하다. 하지만 출퇴근 시간 때에는 혼잡하고 이를 해소하려 열차를 추가 편성하지만 역부족이다. 그럼 강을 통해 이동할 수 있다면 어떨까?

한강버스는 서울시가 대중교통 수단을 다양화하기 위해 생각해낸 교통 수단이다. 2025년 상반기 정식운항을 목표로 마곡, 망원, 여의도, 압구정, 옥수, 뚝섬, 잠실 7곳에 선착장을 조성할 계획이다.

한강버스는 기후위기 시대에 서울을 대표하는 친환경 교통수단으로, 디젤엔진보다 이산화탄소를 약 52% 적게 배출하는 친환경 하이브리드 선박을 이용한다. 길이 35.5m, 폭 9.5m의 선박에 탑승 가능한 인원은 최대 199명이며 전원 좌석제로 운영한다. 버스 1대가 혼잡시간대에 약 50명을 수송하는 것으로 가정하면 버스 4대의 몫을 하는 셈이다. 편도요금은 3,000원으로 기후동행카드로 따릉이를 포함해 무제한 탑승이 가능하다. 수도권 통합 환승할인을 통해 타 대중교통과 환승할인도 가능하다.

관건은 도심에서 선착장까지의 접근성이다. 서울시는 이 부분의 환경 개선도 힘쓰고 있다. 지하철역에서 선착장까지 접근로를 개선하고, 주변 도로 여건을 고려해 버스 노선을 신설하거나 조정한다. 또, 선착장 주변에 따릉이 15~30대를 배치하고, 선박 안에도 자전거 거치대를 20대 설치해 자전거를 휴대하고 탈 수 있다. 당연히 무장애 설계로 장애인 등 보행약자 이용이 편리하게 조성한다.

새롭게 도입되는 수상 대중교통수단인 만큼, 운항의 안전을 면밀하게 살핀다. 안전 관리 전담 인력을 배치하고, 운항 종사자 안전 교육, 정기 및 수시 안전 점검과 해양경찰청 등 관계기관과의 비상 대응 훈련을 통해 유사시 신속하게 대응이 가능하게 할 것이다.

한강버스는 2025년 상반기에 정식 운항개시하고 이후 모니터링 용역을 통해 선착장을 확대할 계획이다. 이런 계획이 실현된다면 서울의 교통체증을 피해 시원하게 물길을 가르며 서울의 동서를 가로지를 수 있지 않을까.

한강버스(위)와 선착장조감도(아래). 한강버스는 서울시의 대중교통 수단을 다양화 할 것이다. 2025년 상반기 정식운항을 목표로 마곡, 망원, 여의도, 압구정, 옥수, 뚝섬, 잠실 7곳에 선착장을 조성할 계획이다.

압구정지구 & 성수지구

한강변 아파트의 성냥갑 탈출기

압구정지구

압구정은 'W'자 한강 형태 가운데 중앙 돌출부에 위치한 지역이다. 그런 만큼 한강변에서 눈에 띄는 도드라진 입지이고, 과거에는 훌륭한 경관을 가진 곳이었다. 이곳은 1960년대 후반 제1차 한강종합개발사업 당시 공유수면 매립으로 택지가 개발된 대표적인 곳이다. 대규모 아파트 단지가 강을 조망하기 위해 한강을 바라보며 병풍처럼 세워져 전형적인 성냥갑 아파트의 모습이기도 하다. 1979년부터 조성된 아파트 단지는 2009년 당시 재건축 시기가 온 상황이었고, 재건축사업이 추진되는 곳이 있어 공공성 재편 계획이 시급한 곳이었다. 계획 대상인 압구정지구의 면적은 1,151,188.7m²이고, 한남대교에서 시작해 동호대교와 성수대교를 지나 한강의 볼록한 돌출부를 따라 넓게 포진해 있는 곳이다.

압구정지구 공공성 재편 전략은 블록 내부와 외부로 나누어 수립됐다. 블록 외부에서는 주거지로 점용된 한강변에 공공이 활용할 부지 확보가 필요했다. 그리고 이곳에 문화 및 상업시설과 유기적으로 혼합된 복합 용도를 도입하는 방안을 구상했다. 또한 한강과 인근 지역을 단절시키는 올림픽대로를 지하화하고 지상에 공원을 조성해 접근성을 개선하고자 했다. 지상 공원에는 공공 문화시설이나 산책로 등을 조성해 한강으로 더 나아가기 쉽게 만들었다.

블록 내부에서는 간선가로와 교량을 중심으로 시선축을 만드는 전략이 있었다. 아파트 단지 내부 블록에는 공원이나 학교 같은 저층 공공시설을 두어 한강까지 시선을 열어주려 했다. 특히 압구정역에서 한강변까지 직선 공공보행통로를 조성하면 서울숲까지 조망이 확보됨은 물론 바람길이 열려 도시 환경 개선에도 큰 효과가 있으리라 기대했다. 재건축 시기가 도래한 단지는 다채롭고 기능적인 외관을 유도해 성냥갑 아파트 이미지를 탈피하고 주변 지형과 조화를 이루는 스카이라인을 만들고자 했다.

성수지구

성수지구는 뚝섬유원지에서 서울숲 사이에 위치한 면적 549,000m²에 이르는 지역이다. 성수대교와 영동대교가 지나고 한강과는 강변북로로 단절돼 있었다. 이곳은 배후에 준공업지역을 둔 주거지역으로 아파트 단지 중심인 압구정과는 달리 단독, 다세대, 다가구와 중소규모 아파트 단지가 섞여 있었다. 작은 단위 필지가 대부분인 이곳에 1979년 이전에 지어진 건물이 32%에 달하고, 1990년 이전에 지어진 건물이 54%에 이를 만큼 블록 대부분이 노후화되어 있었다.

블록 내부는 자연발생적인 비정형적 도로 구조여서 상대적으로 공공시설이 부족했다. 이런 도시 맥락에서 성수 지역은 대부분 주거지역으로 채워진 한강변과는 달리 서울숲과 뚝섬유원지 사이에 있어 토지이용 개선 및 공공성 확보의 필요성과 가능성이 높았다. 하지만 이렇게 여건이 좋은데도 성수는 한강과 연계성을 갖지 못했다.

공공성 재편을 위해서는 인근 준공업지역의 움직임에 따라 지역 개발 방향이 좌우될 것도 고려해야 했다. 성수지구는 중소 규모의 필지 단위를 적정 개발단위로 통합하여 계획하고, 한강변에 대규모 공공 부지를 확보하는 것을 전략으로 삼았다.

기존 세대수를 수용하기 위해서는 일정 규모 이상의 주거시설 도입이 불가피했다. 이 때문에 공동주택 개발을 위해 제2종일반주거지역이던 것을 제3종일반주거지역으로 상향하여 계획했다. 이런 계획을 통해 당시 서울숲 동쪽 성수동1가에 일부 공동주택단지가 새로운 형태로 건설될 수 있었다.

성수지구의 투시도. 성수지구는 배후에 준공업지역을 둔
주거지역으로 다양한 규모의 주거형태가 있는 곳이다.

압구정지구의 조감도. 한강 인접부에 공공이 활용할 수 있는
부지를 확보하고 이곳에 문화 및 상업시설과 유기적으로 혼합된
복합용도를 도입하는 방안을 구상했다.

여의도지구

한강변 국제업무지구의 스카이라인

오늘날 여의도는 한국 정치와 금융, 언론의 중심지로 많이 알려져 있다. 그런데 사실 이곳만큼 한강이라는 자연과 깊게 관계하는 곳도 없다. 주중 낮에 일하러 온 직장인들이 퇴근하면 한강으로 운동하러 간다든지, 여의도버스환승센터가 있어 여기저기서 오가기 편하니 저녁 운동 모임을 여의도공원이나 한강에서 하고 귀가하는 사람들도 있다. 여의도에 사는 사람들이 일상적으로 잘 이용하고 있음은 물론이다. 그래서 여의도는 주중 주말, 밤낮에 관계없이 늘 유동인구가 많다. 이곳의 방문자 수만 고려하더라도 여의도 한강변의 공공성 재편이 절실했다.

여의도지구 한강 공공성 재편 계획 대상지 면적은 550,734.4m²이고, 공간적 범위는 크게 두 군데로 나뉜다. 하나는 강변 시범아파트를 포함한 3개 거대 블록이다. 이 블록에는 시범, 은하, 삼익 등의 아파트와 여의도 초·중·고교가 있다. 다른 하나는 의사당대로에 접한 미성, 광장 아파트와 윤중 초·중학교가 있는 구역이다. 여기 있는 아파트는 모두 1970년대에 지어졌고, 대부분 12~15층에 '一' 자형 건물이 도미노처럼 세워져 있다. 재건축 연한이 도래한 상황에서 한강이라는 환경과 공공성이 반영된 단지계획이 필요했던 것이다. 또한 여의도지구는 강 건너 용산 국제업무지구 기능을 연계해 한강변 국제업무중심밴드의 용도 특화 계획이 중요했다.

한강과 인접한 아파트 단지 토지이용계획에도 변화가 필요했다. 주거 용도 블록 결절부에 상가나 공원을 배치해 보행 동선을 이어주어 단지 외부와의 단절을 해소했다. 한편, 아파트지구와 학교에 의해 단절된 한강 인접지역은 일부 구간 도로를 지하화해 한강으로의 접근성을 향상시키고자 했다. 재개발 이후 지어질 대규모 아파트 단지 블록 내부에는 도로와 공공보행통로를 계획해 여의도를 관통하며 한강과 이어지는 경관축을 만들고자 했다.

도시의 도로나 공원들은 빈 공간을 만들어내 바람길을 형성하고 도시 경관에도 훌륭한 역할을 할 수 있다. 기존의 토지이용계획에서 가장 핵심적인 위치를 선정해 이런 흐름을 만들어낸다면, 작은 변화로 큰 공공의 이익을 가져올 수 있지 않을까.

여의도지구의 조감도. 정치와 금융, 언론의 중심지이면서 한강과도 깊게 관계한 이곳은 한강 공공성 재편 계획의 대상지가 되었다. 공공성이 강화된 단지계획을 세우는 한편으로 강 건너 용산국제업무지구와의 연계도 계획 중에 있다.

나들목 & 연결보행교
한강과 통하다

한강으로의 접근성 개선은 한강 르네상스 계획 초기부터 중요한 핵심 과제였다. 서울 도심을 동서로 관통하는 한강은 북쪽에 강변북로, 남쪽에 올림픽대로를 두고 있다. 둘은 자동차 전용 고속화도로로, 서울의 핵심 교통망으로 작동하지만, 한편으론 한강으로 향하는 접근성을 크게 제약한다. 또 한강 주변에 있는 많은 아파트 단지는 민간 사유지여서 강남 강북 도심과 한강 사이의 소통을 방해하기도 한다. 서울시는 막힌 곳을 뚫어 한강으로 향하는 사람들의 발걸음이 더 가벼워지길 바랐다.

그런 의도에서 만든 망원초록길이 난지 권역에 설치한 도시와 한강을 잇는 교량형 보행녹도다. 이 '다리-길'은 그동안 고립돼 있던 한강변을 시민들에게 되돌려준 기반이 되었다. 마포구 하늘공원과 노을공원 사이의 이 교량은 길이 55m, 폭 30m의 보행로로 난지한강공원 특화사업에 포함된 것이다. 이 교량으로 걸어서 한강공원에 접근할 수 있게 된 것은 물론이고, 노을공원과 하늘공원 사이의 문화공간(반딧불이생태관, 서울시립미술관 난지창작스튜디오, 서울환경사랑홍보교육관 등)을 한강공원 시설과 함께 시민들이 즐길 수 있도록 보행 이동권역을 마련한 것이다.

도심부 접근로는 아니지만 한강교량 자체를 정비하는 것도 중요한 사업이었다. 이 사업은 크게 한강교량 보행환경 개선사업과 한강변 지하철역에서 한강공원을 잇는 연결보행로 설치사업 두 가지로 구분해 시행했다. 먼저 자동차 통행 위주의 교량 상황은 2개 교량의 보행로를 확장해 보행 안전과 편의를 확보했다. 그리고 보행자들의 교량 이용 활성화를 도모하기 위해 6개 교량을 대상으로 버스정차대(총 10개소)를 설치하고, 엘리베이터(총 8개소)와 경사로(총 4개소)를 설치해 한강공원으로의 접근성을 향상시켰다. 또 교량을 단순한 길이 아니라 하나의 문화휴식공간으로 이해하여 한강 교량 위에 전망카페(총 8개소)와 전망쉼터(총 4개소)를 설치했다. 그리하여 시민들이 교량에 머무르며 한강을 바라볼 수 있는 다양한 경험을 제공했다. 또한 한강변 지하철역인 당산역, 성내역, 옥수역에는 자동차전용도로 상부를 지나가는 연결보행로를 엘리베이터 및 경사로와 함께 설치해 걸어 다니기 쉽게 했다.

나들목도 재정비했다. 앞에서 한강교량과 보행교량 이야기를 했지만 사실 보행자들이 한강으로 접근할 때 가장 많이 이용하는 접근로는 제방 지하통로다. 한강 지하통로라 불리는 나들목은 위로는 도로 때문에 보행자가 다니기 어려워 도로 밑으로 구멍을 내서, 자동차나 사람들이 한강 둔치를 드나들 수 있게 만든 시설이다. 한강변에는 이런 나들목이 총 48개소 존재했다. 그러나 과거에는 내부가 비좁고 어두워 '길'이라기보다는 '동굴'에 더 가까웠고, 그래서 일명 '토끼굴'이라고 불렸다. 어두운 분위기 때문에 사람들이 선뜻 내켜하지 않았는데, 또 실제로 열악한 환경으로 방치되는 경우도 종종 있었다.

그래서 한강 르네상스를 통해 사람들이 빈번하게 이용하는 34개 제방 지하통로를 종합정비하였는데, 내·외부를 친환경적 소재와 밝은 조명으로 쾌적하게 디자인하고, 진출입로 입구 미관을 개선했다. 일부 대상지에는 자연채광을 도입해 지하통로라고는 전혀 인식되지 않을 만큼 밝게 바꾸었다. 엘리베이터 같은 시설을 함께 갖춘 곳도 생겼다. 일부 나들목은 긴 회랑형 공간 구조를 활용해 벽면에 미디어아트와 공공미술 작품을 전시했다. 과거 불편한 마음으로 지나야 했던 지하통로는 이제 한강의 풍광을 알리는 관문으로 사람들을 환대한다.

34개 지하통로를 대상으로 설계를 진행하고, 2007년부터 연차별로 3차에 걸쳐 공사를 시행했다. 2007년 1차 공사는 암사, 자양 등 10개소, 2008년에 착공한 2차 공사는 여의도, 잠원 등 15개소, 2009년의 3차 공사는 당산, 낙천정 등 9개소였다. 이후에도 나들목 환경 개선 공사는 계속 현재진행형이다.

한강으로의 접근성 개선은 한강 르네상스 초기부터 핵심 과제였다. 사진은 어두웠던 토끼굴에서 밝고 쾌적하게 개선된 신반포나들목의 모습

강변북로 상부에 조성된 망원초록길을 통해 안전하고 편안하게 한강공원에 접근할 수 있다.

홍제천

고가도로 하부의 반전

지도에 홍제천을 검색하여 표시된 곳에는 놀랍도록 넓고 긴 내부순환도로만 보인다. 홍제천을 직접 걸어보지 않은 사람이라면, 그러니까 차를 타고 지나가기만 했거나 이 지역을 모르는 사람이라면 '내가 검색을 잘못했나?' 의심할지도 모른다. 홍제천은 거대한 고가도로가 물길을 덮으며 그 위로 나란히 조성되어, 위성지도에서는 볼 수 없다. 콘크리트 고가도로를 웅장한 T자 기둥이 받치고 있고 그 밑, 지하 신전 같은 곳에 하천이 흐른다. 천 주변으로 작은 규모의 다세대, 다가구주택이 많은데, 그래서 홍제천의 하늘을 가로막는 구조들이 더 삭막하고 거대해 보였는지 모른다. 그랬던 홍제천이 '서울형 수변감성도시' 1호로 선정돼 이제 지역 명소로 거듭났다.

홍제천 수변감성도시는 구간별 성격에 따라 중류와 상류로 나뉘어 조성됐다. 홍제천 중류는 감성과 경험에 초점을 두었다. 중류는 하천 폭이 비교적 넓고 홍제 폭포의 수려한 암반 경관이 어우러진 곳으로 기존 산책로와 연계해 휴식과 조망 공간을 계획했다. 이 일환으로 2023년 3월, '카페 폭포'를 정식 개장했다. 인공폭포 앞의 오래된 주차장과 창고를 활용해 물길을 감상할 수 있는 수변 테라스 카페로 만든 것이다. 유럽 도시에서는 흔히 볼 수 있는 풍경이 서울 하천에 만들어진 것인데, 서울 시내 최초의 수변 노천카페이기도 하다. 카페 폭포는 개장 이래 매달 5만 명 이상의 방문객을 끌어들이며 관광 명소로 각광받고 있다. 동네 사람들도 즐겨 '물멍'하며 커피를 마신다.

2023년 9월에는 '폭포책방'을 조성했다. 수변카페 별관을 리모델링해 독서와 휴식을 즐길 수 있는 작은 도서관으로 만든 것이다. 폭포책방은 야외에 돗자리를 펴고 독서를 즐길 수 있는 야외도서관으로, 각종 전자 기기를 갖춰 콘텐츠를 즐길 수 있는 '친환경 디지털 특화 도서관'이기도 하다. 방문객에게 돗자리와 무릎담요, 좌식탁자, 북텐트 등을 무료로 대여해준다. 걷고 달리고 자전거를 타고 지나치던 수변이 이젠 한나절 시간을 보내며 쉴 수 있는 곳도 된다.

한편, 홍제천 상류는 홍제천의 역사와 문화를 부각시키는 쪽을 택했다. 이 일대는 예전부터 경치 좋은 계곡으로 이름난 곳으로, 1977년 홍지문과 탕춘대성을 복원한 이후 현재까지 잘 보존되고 있어 역사문화적 잠재력이 높다. 이러한 역사문화 자원을 활용해 문화재의 원형을 보존하면서 보행로와 교각 등을 정비해 접근성을 높였다. 앞으로 역사 탐방 도보 해설이나 야간 출사 이벤트 등 다채로운 프로그램도 기획해 진행할 예정이다.

홍제천 상류는 역사문화 자원을 활용해 문화재의 원형을 보존하면서 보행로와 교각 등을 정비해 접근성을 높였다.

하천 폭이 비교적 넓은 홍제천 중류는 산책로가 조성되어 있다.

홍제천 중류에는 인공폭포의 수려한 암반 경관이 있어 기존의 산책로와 연계해 휴식과 조망 공간을 조성했다.

도림천

입체적 친수 공간으로 되살아난 거리 문화

서울의 많은 하천은 치수 위주의 정비사업으로 물길이 곧아졌다. 하지만 도림천은 여전히 구불구불 원래 모습대로 흐른다. 관악산에서 발원한 도림천은 S자 곡선을 그리며 안양천과 합류해 한강 하류로 유입된다. 도림천은 평소 유량이 적고 겨울에는 자주 마른다. 여름철 폭우가 내릴 땐 자주 물이 넘쳐 피해를 입기도 하는데, 그만큼 도림천은 사계절 다른 모습을 지닌 곳이다. 2000년 이전에는 인근 구로공단에서 흘러들어온 오수나 생활하수로 하천 생태계가 훼손되는 아픔을 겪었지만, 이후 하천 생태계 중요성이 부각되며 생태 하천을 되살리는 작업이 진행됐다.

도림천은 1호 수변감성도시인 홍제천 중류 다음에 두 번째로 문을 연 곳이다. 수변감성도시로 조성한 곳은 구로디지털단지역에서 신대방역을 지나 보라매공원에 이르는 1.5km 구간이다. 도림천은 폭이 좁고 보행로와 하천의 단차가 작다. 이러한 특성을 개선하기 위해 양방향 차도였던 길을 일방통행길로 바꿔 보행로를 확보하고 테라스를 만들었다. 벤치와 그늘쉼터도 길의 규모에 맞춰 선형으로 만들었다. 도로에서 한 단계 내려간 도림천 둔치에는 작지만 알차게 공간을 꾸몄다. 보행로와 자전거도로만 두어도 빠듯한 작은 길에 자연형 호안과 자전거길, 선형 조경공간과 그 사이 보행로를 아기자기하게 냈다. 도림천 인근 신원시장과 신림역은 1인 가구가 많은 대표적인 지역인데, 이런 지역적 특성을 반영한 배려도 곳곳에 눈에 띈다. 4인 야외 테이블이나 의자를 놓는 것이 아니라, 길과 나란히 벤치를 놓는 등 혼자 산책을 즐기는 시민에게도 넉넉한 자리를 내어준다.

도로와의 경계부인 콘크리트 석축에는 다양한 조명과 꽃과 풀을 이용해 벽을 꾸몄고 포토존도 만들었다. 수변감성도시 조성 이전에도 인근 상권 쇠퇴와 수변 공간 슬럼화를 개선하기 위해 일부 구간을 '별빛내린천'으로 명명하고 경관 개선사업을 진행했었다. 그러면서 거리 마술쇼나 버스킹 등 이벤트를 만들고 지역 축제나 거리공연을 통해 활기를 되찾으려 노력했다. 이런 맥락에서 새단장한 석축은 공연 등 다양한 문화 활동의 배경이 되었다. 시민들은 인근 시장에서 먹거리를 사와 여유롭게 거닐며 거리예술을 즐길 수 있다.

도림천은 지역 상권과 물가의 생명력이 함께 살아나는, 치수와 친수가 융합된 공간 활용 방식을 보여주는 수변감성도시로 다시 태어났다.

도림천은 직강화하지 않은 원래의 구불구불한 지류가 남아있는 곳이다. 도림천 수변감성도시는 폭이 좁은 특성을 고려해 벤치와 그늘쉼터 등을 선형으로 만들었다.

도림천은 수변감성도시 조성 이전에도 인근 상권 및 수변 공간의 활성화를 위해 일부 구간에 경관 개선사업인 '별빛내린천'을 진행했었다.

chapter 3

NODE

chapter 3

공원과 광장, 풍요로운 도시적 삶의 필수 조건

서울은 늘 집이 부족하다. 그런데 집만 있다고 기본적인 생활이 보장되는 것은 아니다. 아파트 같은 새로운 공동주택을 보급하는 것도 중요하지만, 이에 못지않게 집 주변에 생활 녹지공간이 얼마나 많은가도 주거 환경의 수준을 좌우하는 중요한 요소다. 서울시민은 삶에 영향을 미치는 서울의 생태계 유형 중 '다양한 규모의 공원'에 최고 점수를 주었다. 멋지게 꾸며놓은 수변 공원이나 대형 공원에는 평일 주말을 가리지 않고 찾는 사람들이 있다. 다세대나 다가구 밀집지역에서 손바닥만 한 작은 공원은 그들의 거실이다.

Story

공원에서 놀고,
광장에서 만나다

"지금 이곳에 공원을 만들지 않는다면 100년 후에는 이만한 크기의 정신병원이 필요할 것이다." 미국 뉴욕의 센트럴파크를 설계한 프레데릭 로 옴스테드의 말이다.

도시는 공원으로 숨쉰다. 생태로, 그리고 마음으로. 공원은 자칫 생동을 잃기 쉬운 도시의 예방적 처방이다. 그러나 한국에 공원이 생긴 지는 얼마 되지 않았다. 우리 전통 주거지는 자연에 순응하고 자연과 하나 된 모습이었다. 그래서 꼭 공원이 따로 필요하지 않았다. 공원은 19세기 말, 20세기 초 근대화의 산물로 도입됐다. 산업화로 도시 인구가 증가하면서 인간은 자연에서 멀어졌고, 급속한 도시 팽창으로 환경 훼손, 건강 악화, 여가 공간 부족 문제가 거론됐다. 그런 맥락 속에서 사람들은 도심 공원이 필요한 걸 느꼈다. 이처럼 공원은 역사적으로 시민사회의 형성으로 출현한 공간이자, 급속한 도시화에 대한 처방전이기도 했다.

서울시도 공원의 필요성에 대해서는 일찍이 인식했지만 초기에는 양적 확대에 집중했다. 서울시 공원녹지정책은 1967년 도시계획법과 분리해 공원법을 제정한 것에 발맞추어 시작됐다. 서울시는 1966년 산림과를 녹지과로 개칭하고, 1971년부터 녹지과에서 공원을 따로 분류해 지정하고 관리하기 시작했다. 그렇게 개발 위주 정책에서 벗어나 녹지가 필요한 곳에 도시공원을 확충해갔다.

1970년대에 여의도광장이, 1980년대에 여의도 한강시민공원이 생겼다. 광장엔 수백 대의 자전거가 가득 찼다. 1999년 여의도광장은 잔디와 숲을 갖춘 여의도공원으로 재탄생했다. 당시 생명의나무 천만 그루 심기를 진행했는데, 이때부터 시민들과 함께하는 방식을 모색하며 환경에 대한 인식을 높였다. 2000년대에는 청계천을 복원하고 서울숲을 만들며 도심 생태와 환경을 복원해 갔다.

"공원이 도시의 가치를 만들고 경쟁력을 높입니다. 녹색 공간은 풍요로운 시민의 삶으로 이어집니다. 이제 공원은 양도 중요하지만 질이 중요한 시대가 되었습니다. 공공공원이 아니더라도 시민들이 각자의 삶과 공간에서 꽃과 자연, 조경을 가꿔가는 문화가 생긴 것 같습니다."

88서울올림픽 기간 여의도광장에서
치러진 '세계전통문화 및 음식축제' 모습

1995년 여의도광장의 모습

2004년 여의도공원의 모습

여의도공원은 여의도를
동서로 나눈다.

민선4기 2006년부터는 공원녹지의 질적 향상에 집중했다. 문화적 측면에서 공원의 효용성을 인식한 것이다. 서울시는 당시 생활권 녹지 330만m² 확보를 398만m²로 초과달성하며, 굵직한 공원 조성 사업과 관련 정책을 추진했다. 시민이 매일의 일상에 만족하고 기쁨을 느껴야 도시는 활기를 띠고 경쟁력도 갖출 텐데, 그러려면 잘 쉬어야 했다. 공원과 정원 같은 쉼과 치유의 장소가 더 풍족하게 있어야 했다. 사업 결과 2001년 25.74%였던 서울의 공원율은 2022년 28.59%까지 증가했다.(출처 서울특별시, 시정통계)

또한 서울시는 2023년 '정원도시'라는 슬로건을 앞세워 서울 어디에서나 풍요로운 도시적 삶을 누릴 수 있게 하겠다고 선언했다. '정원도시, 서울' 사업은 '비움', '연결', '생태', '감성'이라는 4가지 핵심전략을 중심으로 진행되며, 도보생활권의 녹지를 확대하는 것이 목적이다.

"공동주택을 새로 보급하는 것도 중요하지만, 집 주변에 생활 녹지공간이 얼마나 많은가도 주거 환경 수준을 좌우하는 중요한 요소입니다."

지역생활권 거점공원, 우리 동네 특별 거실

서울은 늘 집이 부족하다. 그래서 계속 집을 짓고, 주거 밀도는 점점 높아진다. 그런데 집만 있다고 기본적인 생활이 보장되는 것은 아니다. 공동주택을 새로 보급하는 것도 중요하지만, 이에 못지않게 집 주변에 생활 녹지공간이 얼마나 많은가도 주거 환경의 수준을 좌우하는 중요한 요소다.

서울연구원에 따르면, 서울시민은 삶에 영향을 미치는 서울의 생태계 유형 중 '다양한 규모의 공원'에 최고 점수를 줬다고 한다. 집 근처만 둘러보아도 멋지게 꾸며놓은 수변 공원이나 대형 공원에는 평일 주말을 가리지 않고 찾는 사람들이 있다. 다세대나 다가구 밀집지역에는 손바닥만 한 작은 공원에 인근 주민이 빼곡하게 모여 있다. 주거 밀집도가 높은 지역일수록 공원은 동네 사람들의 거실이기 때문이다.

민선 4기 이후 서울시는 강남북 균형발전이란 목표 아래 강북에 대형공원 조성과 생활권 공원 확충을 시작했다. 1980년대 개발된 강남지역에 비해 강북이나 강서 권역에는 생활녹지가 부족했다. 자연발생적 도시인 강북은 북한산, 도봉산 같은 국립공원을 비롯해 산과 숲이 많다. 그래서 녹지가 많다고 여기지만 결심하고 준비할 필요 없이 선뜻 일상적으로 갈 수 있는 공원은 충분하지 않았다. 서울시는 크게는 강남북 균형 발전과 주거지 환경 개선이라는 측면에서 소외된 강북 지역에 거점공원을 만들었다.

강북구 북서울꿈의숲은 인접한 성북구를 비롯해 6개 구 주거지역 환경개선을 목표로 만들어진 대표적인 거점공원이다. 일찍이 공원의 필요성이 제기돼온 지역이지만 마땅한 부지를 찾기 어려웠다. 그러던 중 눈에 들어온 곳이 폐장 후 방치되어 있던 놀이공원 드림랜드였다. 이곳은 당시 개발사가 아파트를 지으려 했던 곳이라 이해관계가 복잡하게 얽혀 있었다. 그래서 서울시는 이곳의 공원

1980년 신월정수장

신월정수장 부지에서 새롭게 탄생한 서서울호수공원의 모습

북서울꿈의숲 월영지와 숲전망대

드림랜드의 1990년 모습. 폐장한 드림랜드는 북서울꿈의숲으로 재탄생해, 서울 강북 지역의 대표 공원으로 자리잡았다.

화를 극비리에 매우 조심스럽게 진행했다. 심지어 서울시 직원들조차 모르게 말이다. 조금이라도 소문이 나면 부지는 물론이고 주변 부동산값도 가파르게 오를 것이 뻔했기 때문이다. 다른 사업처럼 대외 담당 부서를 따로 둘 수도 없었다. 사업협상단이라는 애매한 이름으로 국장, 과장, 담당직원 3~4명 등 소수만 배치했다. 불가능한 일처럼 보였던 이 일은 기적같이 6개월 만에 성사됐고, 지금 북서울꿈의숲은 쉼과 문화의 공간이자 지역민들의 랜드마크로 자리 잡았다.

강북권역에 드림랜드가 있다면 강서권역에는 신월정수장이 있었다. 양천구를 비롯한 강서지역 또한 서울에서 인프라가 부족한 곳으로 꼽힌다. 그런 상황에서 가동을 멈춘 지 6년이 된 정수장이 최적의 거점공원 입지로 눈에 들어왔다. 옛 신월정수장에 새롭게 만들어 2009년 개장한 서서울호수공원은 물과 재생을 테마로 조성한 친환경공원이다. 1959년 김포정수장으로 시작된 이곳은 50년 만에 시민의 쉼터로 새단장해 개방되었고, 부천시와 경계를 이루는 능골산 숲과 등산로를 정비하면서 총 217,946m^{2}의 서남권 최대 규모 공원으로 새롭게 태어났다. 설계자 최신현(씨토포스 대표)은 “인근에 김포공항이 있어 소음 문제도 있었죠. 이런 상황에서 원래 정수장이던 곳을 공원으로 바꾸겠다는 발상이 매우 의미 있는 접근이었습니다. 정수장이 갖는 역사적 배경과 장소에 대한 정체성, 그리고 정수장의 재료와 물성을 어떻게 디자인으로 풀어낼 수 있을까 고민했습니다”라고 말한다.

역사와 문화가 교차하는 도심 광장

어느 도시에나 상징적인 공간이 있다. 미국 수도 워싱턴 D.C.에는 링컨기념관부터 국회의사당까지 이르는 3.5km 길이의 ‘내셔널 몰(National Mall)’이 있다. 프랑스 수도 파리에서는 루브르궁에서 개선문을 거쳐 라데팡스까지 이어지는 8km 길이의 중심축인 그랑 닥스(Grand Axis)를 빼놓을 수 없다. 두 곳 모두 광장 형태를 띠지만 단순한 휴식 공간은 아니다. 대내외적으로 국가를 상징하고, 또 한 도시의 장구한 역사를 대변하는 장소이기도 하다.

서울 사대문 안을 둘러보자. 주변 도시공원과 광장의 배경을 살펴보면 역사도시 서울의 상징성과 역사성을 담고 있는 곳들이 많고, 그래서 그동안 이 역사성을 중심에 두고 공간을 조성해왔다. 하지만 역사성을 중시한 나머지 일상적 휴식과 활동의 무대로는 환영받지 못했다. 시민들은 광장에서 그늘을 찾지 못하고 땡볕 아래 머물거나, 도로에 가로막혀 광장을 제대로 활용하지 못했다.

광화문광장이 5년이라는 긴 시간 속에서 재구조화된 것은 장소의 역사성과 일상성의 균형을 회복

2009년 광화문 광장은 시민 의견을 수렴하여 대로 중앙에 광장을 조성하여 시민들에게 돌려주었다.

2022년 다시 태어난 광화문광장

송현동 부지는 지난 110년간 닫혀있었다. 이곳은 서울 도심에서 들판 같은 날것의 풍경으로 낭만을 선사한다.

하기 위한 노력 덕분이었다. 다시 태어난 광화문 광장은 육조거리와 역사성을 복원하는 한편으로, 휴식 장소로서의 역할도 회복시켰다. 도로 중앙에 배치되었던 광장은 세종문화회관 방향, 서측 보도로 배치를 옮겨 도시가 단절되지 않고 흐르듯 오가게 유도했다. 광화문에서 남쪽으로 광장이 전개되면서, 전통의 요소가 현대의 것으로 그러데이션처럼 바뀌어간다. 광화문광장의 설계자인 진양교와 조용준((주)씨에이조경기술사사무소)은 "아무리 장구한 역사라도 사람들이 사랑하고 접촉하지 않으면 역사성의 존재가 무의미해진다. 그래서 재미있고 쉽게 접근할 수 있는 공간으로 광장을 조성했다"면서, "광장에 눕거나 숨은 한글 요소를 찾거나 뛰어놀 수 있도록 정원 속에서 취하는 휴식 같은 일상적 행태를 담아내려 했다. 이런 휴식 가운데 경복궁과 같은 역사적 요소를 마주한다면 일종의 놀라움을 느낄 수 있다"고 말했다.

송현동 부지는 서울 도심에서 가장 드라마틱하게 변한 장소 중 하나일 것이다. 1910년 일제강점기엔 식산은행 사택이 있었고, 1945년 해방 이후엔 미국 소유로 넘어가 미국대사관 직원 숙소로 사용되었다. 지난 110년간 닫혀 있었던 이곳은 높은 담장이 허물어지고, 2022년 10월 열린송현녹지광장으로 개장되며 텅 빈 본래의 모습을 드러냈다. 서울시는 장소를 비우는 것이 최고의 디자인이라는 기조 아래, 탁 트인 이곳에서 시민들이 주변 인왕산, 북악산 등 산세를 바라볼 수 있도록 땅을 그대로 보존한 것이다. 지금 이곳은 이건희 기증관 건립이 진행 중이지만, 서울 도심에서 들판 같은 야생의 풍경이 선사한 낭만을 사람들은 오래도록 기억할 것이다.

"광장이 광장으로서 역할하려면 사람들이 마음껏 행위를 할 수 있어야 합니다. 새롭게 조성된 광화문광장은 그런 조건을 갖추었습니다."

아주 특별하고 일상적인 서울의 자연, 남산

남산은 그냥 산이 아니다. 공원이다. 서울 여느 산들과는 달리 도심 한가운데에 있어서 언제든 쉽게 갈 수 있고, 문화적으로도 풍요로워 공원 같은 역할을 한다. 차로 올라 산책할 수 있는 곳이며, 주변으로 여러 공원과 녹지가 연결된 산이기도 하다.

서울시는 그래서 남산을 고립된 자연으로 보지 않고, 서울이라는 도시와 연결된 환경으로 인식하고 정책을 펼쳐왔다. 2009년부터 추진한 남산 르네상스가 대표 사업이다. 한양도성 성곽과 봉수대 같은 역사 유적을 복원하면서 도심지에서 남산으로의 접근로를 개선했다. 서울시는 남산과 주변 일대를 재정비하고 도심지역과 단절된 흐름을 이어 문화지구로 살리고자 했다. 서울 도심재창조를 위한 4축(역사문화축, 관광문화축, 녹지문화축, 복합문화축)이 모두 남산으로 수렴된다. 남산은 서울 역사문화의 중심인 것이다. 또 서울시는 남산을 중심으로 연결되는 생태축을 한강까지 잇고자 했다.

서울시의 녹지축 연결은 2009년에 조성한 서울 둘레길 리뉴얼 계획과도 맞닿아 있다. 둘레길 2.0

15층으로 지어진 남산외인아파트의 1972년 모습

남산은 서울 여느 산들과는 달리 도심 한가운데에 있어서 언제든 쉽게 갈 수 있고,
문화적으로도 풍요로워 공원 같은 역할을 한다.

"진정한 정원 문화는 시민의 삶에서 시작합니다. 집 앞 공공공간에 풀 한 포기 심어보며 정원의 가치를 인식하고, 한쪽에서는 교육과 홍보를 통해 정원이 피부로 와 닿게 할 수 있어야 합니다. 이렇게 직접 경험한다면, 정원이 시민으로부터 자연스럽게 만들어지고, 지역 골목과 도시 전체가 하나의 정원도시로 바뀔 수 있을 것입니다."

은 그간 조성된 동네 공원과 도심 공원, 광장을 연결한다. 이런 연결 사업의 일환으로 서울시는 도심에서 각종 개발 사업 시 개방형 녹지를 확보해가는 방식으로 민간과 협력하여 도심 업무지구에서도 녹지의 흐름을 이어가려고 한다.

차도를 지하화하고, 그 상부를 공원으로 조성해 땅과 지역을 잇는 사업도 바로 이런 연결의 일환이다. 2022년에는 일제에 의해 끊어진 종묘와 창경궁 사이, 율곡로 터널 상부를 공원화했다. 장기적으로는 영동대로, 국회대로, 경부고속도로처럼 산업화로 구축된 도시기반시설 도로를 지하화하면서 상부를 공원으로 조성하고자 한다. 국회대로 지하화와 상부 복원사업으로는 무려 7km의 선형공원이 탄생할 예정이다. 선형공원은 자칫 지루하고 거대한 빈 공간이 될 것이란 우려도 있지만, 보행과 녹지, 문화로 연결되는 지역 간의 교류와 소통으로 시민의 삶을 더 풍요롭게 할 것이다. 하부와 상부를 나누는 입체적인 공간 구성을 통해 길과 공원이 하나로 융합된 매력적인 장소가 탄생하리라 기대된다.

우리가 만드는 정원도시 서울

'정원도시'는 우리 마음과 일상에 정원을 들이려는 작은 시도다. 많은 사람이 정원도시를 단순히 물리적 공원을 짓는 거라 생각한다. 하지만 정원도시 궁극의 목적은 정원이 우리 삶에 깃드는 문화를 만드는 데 있다. 서울국제정원박람회는 정원이 무엇인지 직접 경험하고, 집 앞 공공공간에 풀 한 포기를 심어보며 정원의 가치를 인식하게 한다. 그런 한편으로 교육과 홍보를 통해 정원이 우리 삶에 스며들도록 만든다. 이런 과정을 통해 정원은 지역의 골목으로 뻗어나가, 도시 전체를 하나의 정원으로 만들 것이다.

서울시는 2015년부터 '서울정원박람회'를 개최해 왔다. 초기에는 월드컵공원 내 평화의 광장이나 여의도공원같이 한 장소에서 행사가 열렸다. 2020년부터는 '서울국제정원박람회'로 격상하면서 기간을 늘렸다. 행사 장소는 손기정체육공원에서 만리동광장을 지나 서울로를 거쳐 남대문로 문화공원에 이르기까지, 도시와 공원을 아울렀다. 2024년에 열린 서울국제정원박람회는 뚝섬한강공원에서 진행되면서, 25개 자치구와 협업하여 구별로 정원을 조성해 연계 축제로 확장했다. 박람회를 계기로 조성된 정원 중 일부는 행사가 끝나고도 영구히 지속 가능한 형태로 만들었다.서울시는 이렇게 매년 박람회를 열면서 서울 시내 전역에 정원을 만들고, 이런 정원들이 이어져 도시로 뻗어져 나가기를 기대한다.

2024년 서울 국제정원박람회는 뚝섬한강공원을 중심으로 25개 자치구와 협업하여 열렸다.
이를 계기로 조성된 정원 중 일부는 행사가 끝나고도 지속 가능한 형태로 만들었다.

이렇게 정원에 집중하는 건 단순히 도시의 경관이나 꽃을 일상에 두자는 것만은 아니다. 정원은 도시 측면에서도 사회·환경적 순기능이 있다. 일본 도쿄의 스기나미구 꽃 가꾸기 지역은 가택 침입 범죄가 77% 감소했고, 정원이 있는 집은 주택 가격이 평균 16% 상승했다고 한다. 또 시민이 나무를 1그루씩 심으면 연간 이산화탄소 배출량의 0.74%가 흡수된다고 한다. 수목의 나뭇잎이 미세먼지를 흡착해 공기 질 개선 효과도 있다. 정원에서 식물과 함께 호흡하며, 식물의 생장을 관찰하고 날씨를 살피면서 우리 주변 자연과 관계를 맺고 마음을 치유할 수도 있다. 도시민의 삶의 가치를 정원이 바꾼다.

조경가들은 어느 나라든 문화의 마지막 정수는 정원 문화라고 말한다. 한국도 경제나 예술 분야의 성장을 통해 전반적인 생활수준이 향상되면서, 정원에 대한 관심이 높아졌다. 이런 시대적 상황에서 도시의 정원이 한국적인 문화와 장소성을 담는다면, 사람과 도시와 자연이 융합된 건강한 도시 생태계를 이룰 수 있을 것이다.

MAP

NODE

22
남산 /
남산르네상스 ●

23
남산 /
남산 한국 숲 정원 ⊙

24
권역별 공원 /
북서울꿈의숲 ●

25
권역별 공원 /
서서울호수공원 ●

26
권역별 공원 /
중랑캠핑숲 ●

27
권역별 공원 /
서울창포원 ●

28
서울둘레길 ━
서울초록길

29
경의선숲길 ━
경춘선숲길 ━

30
국회대로 상부 공원 ●

31
광장 /
열린송현녹지광장 ●

32
광장 / 서울광장 ●

33
광장 / 여의도공원 ●

34
광장 / 광화문광장 ●

35
정원도시 /
서울국제정원박람회 ◆

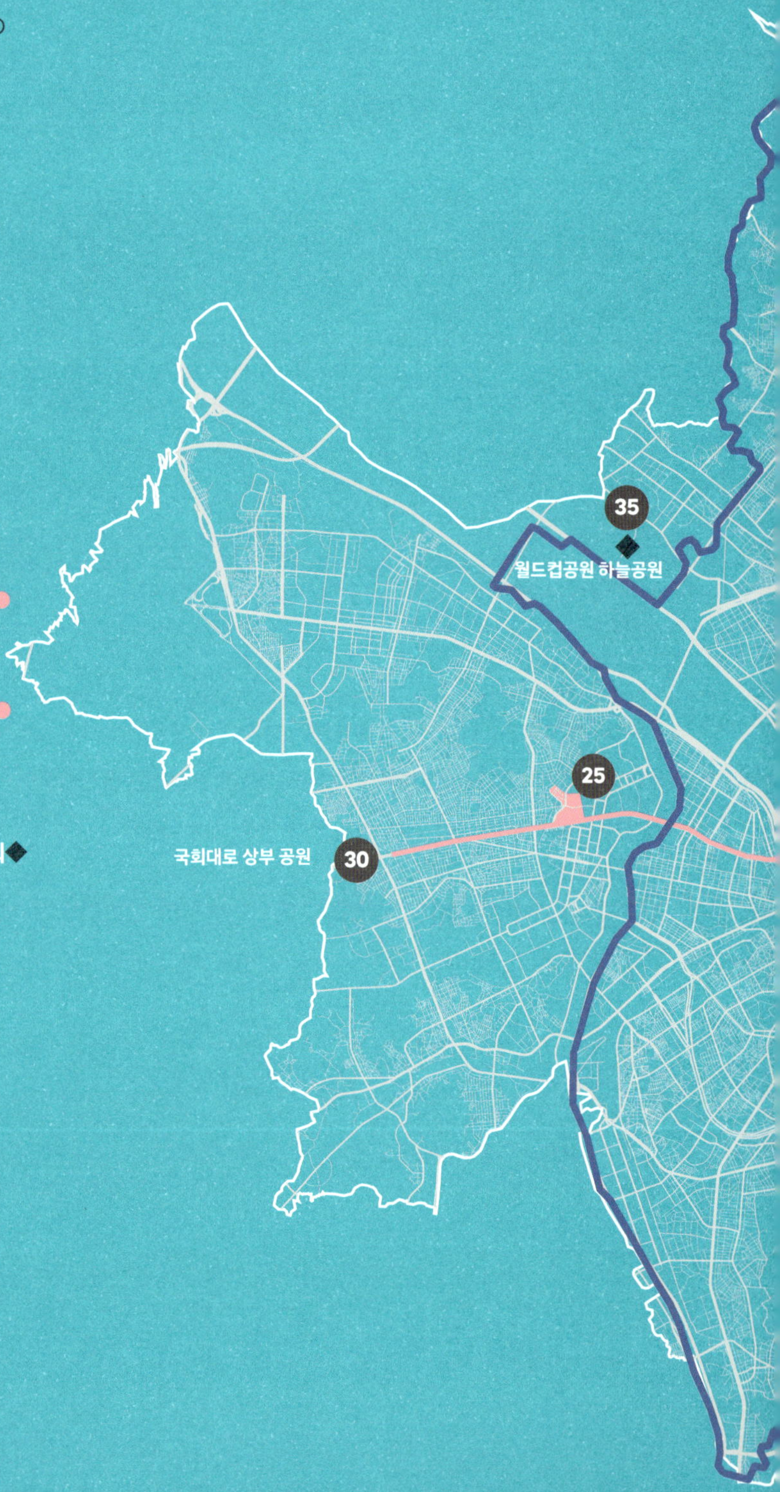

27
29
35
24
북서울꿈의숲
28
26
31
34
32
35
서울로7017 일대
22
남산 한국 숲 정원
23
35
뚝섬한강공원

남산르네상스
도시와 자연의 소통 그리고 회복

서울 하면 남산!

뉴욕에 센트럴 파크가 있고, 파리에 몽마르트르 언덕이 있다면, 서울에는 어떤 랜드마크가 있을까? 바로 남산이다. 만약 외국에서 친구가 놀러 온다면, 남산에는 꼭 한번 데려갈 법하다. N서울타워에 올라 우선 동서남북으로 전망대를 돌아본다. 성곽을 걸으며 조선시대 한양에 대해 말하고 봉수대가 무엇이었을지 퀴즈도 낼 수 있다. 산자락을 걷다가 안중근의사기념관도 가고, 조선신궁이 있던 역사도 들려준다. 내려올 땐 소월로를 걸으며 멀리 건물들이 만드는 스카이라인을 보다가 루프탑 카페에 가도 좋다.

남산이 이렇게 사랑받기까지는 지난 30여 년 동안 많은 노력이 있었다. 일례로 서울시는 남산 제모습 찾기 100인의 시민위원회를 구성하고 1991년부터 1998년까지 8년간 남산 제모습가꾸기 사업을 진행했다. 당시 남산 곳곳에 무질서하게 있던 건물들 중 정부기관 21동, 외인주택 52동, 개인주택 16동을 철거했다. 자연을 가리던 회색 장막이 걷히자 시민들은 회복된 남산의 모습에 관심을 갖고 더 활발히 남산을 찾기 시작했다. 하지만 이용보다는 보호 위주의 소극적이고 수동적인 관리가 이어지며 2000년대에 들어서는 크게 눈길을 끌지 못했다.

도시와 잇고, 역사는 살리고

2007년 남산르네상스사업이 시작됐다. 이전 사업의 아쉬움을 돌아보고, 남산을 종합적이고 체계적으로 정비해야 한다는 문제인식에서 출발한 것이다. 남산르네상스의 기본 방향은 '회복'과 '소통'. 남산의 문화와 역사가 회복되고 남산이 자연과 사람이 소통하는 장이 되길 바랐다. 남산 제모습가꾸기의 기조를 이어가되, 남산의 공간을 분석해 세부적으로 다가갔다.

2014년까지 3단계에 걸쳐 발굴조사를 진행했고, 이를 토대로
한양도성 남산 회현자락 777m 성곽을 복원했다.

남산르네상스사업의 마스터플랜은 남산을 수직적으로는 산마루, 산중턱, 산자락으로 나눠 접근했다. 표고 200m 이상인 산마루는 서울의 모습을 전망하는 상징 공간이란 성격을 부여했다. 표고 95~200m 구간인 산중턱은 생태환경 보호와 복원을 위해 개발 행위를 제한했다. 곳곳에 도시와 접점이 있는 표고 95m 이하 산자락은 시민 생활공간과 상호 교류의 장소로서, 인접 지역의 도시적 성격을 고려해 활용 계획을 세웠다.

남산 산자락은 다시 장충, 예장, 회현, 한남 4개 구역으로 나뉜다. 일제 조선신궁 건립 때문에 훼손된 부분이 많았던 회현자락은 역사를 복원하고 보행환경을 개선했다. 서울시는 2009년부터 2014년까지 3단계에 걸쳐 이 구간에 대한 발굴조사를 진행했고, 이는 복원 사업의 토대가 되었다. 그 결과 지금 우리가 알고 있는 한양도성 남산 회현자락 777m 성곽이 복원되었다. 뿐만 아니라 백범광장 일대 44,900m²의 지형을 회복해 성곽을 따라 자연스럽게 남산에 오를 수 있도록 접근성을 높였다. 퇴계로와 백범광장은 40m 이상 높낮이가 차이 나는데, 이전에는 옹벽으로 단을 나누고 도로가 지나가 보행 환경이 좋지 않았다. 이 부분에 진입광장을 만들며 지그재그 사선으로 이어지는 산책길을 냈고, 도로 위에는 공중보행녹도를 설치했다.

장충자락에는 장충단공원을 재정비했다. 장충단공원은 노후한 건물과 휑한 공터에서 녹음이 우거진 공원으로 다시 태어났다. 한남자락에서는 1969년에 설치돼 노후화가 심각한 한남육교(2009년 안전진단에서 E등급)를 세계적 디자이너 존 모포드의 자문을 받아 리모델링했고, 육교에서 이어지는 야생화공원과 야외식물원의 접근성도 높여 이용이 활발해졌다.

예장자락에는 2021년 '남산예장공원'이라는 이름으로 새롭게 조성한 공원이 문을 열었다. 기존 건물과 시설물을 철거하는 데 시간이 걸려, 마지막으로 사업이 완료됐다. 10m 이상 고저 차가 있는 대지 환경을 활용해 지상과 지하로 나누고, 문화시설과 녹색순환버스 환승센터를 지었다. 예전엔 명동역과 가깝고 유동인구가 많은데도 대지를 둘러싼 광폭의 도로와 경사 때문에 흐름이 단절돼 있었는데, 보행 친화적으로 예장자락을 재정비하며 남산르네상스의 숙원인 '회복'과 '소통'을 이루었다.

남산르네상스는 문화와 역사의 회복, 자연과 사람의 소통을 추구했다.

예장자락의 기존 건물과 시설물을 철거하고 도시와 흐름을 연결했다. 10m 이상 고저 차가 있는 대지 환경을 활용해 지상과 지하로 나눠 문화시설과 녹색순환버스 환승센터를 지었다.

남산 한국 숲 정원

보존과 이용의 선순환

한국을 대표하는 전통 정원은 어디일까? 바로 소쇄원이다. 그럼 서울을 대표하는 정원은 어디일까? 언뜻 말문이 막힐지도 모르지만 남산이 그에 대한 답이 될 것이다. 사방과 연결되는 남산은 서울의 중심 자연 공간으로, 우리 모두의 정원과 같다. 실제로 서울시는 2024년 '정원도시 서울'을 통해 남산의 북측순환로를 시점으로 약 3,420m 산책로에 13개 정원을 조성했다.

2009년 '남산르네상스'에서 서울시는 장충, 예장, 회현, 한남의 남산 산자락 정비로 생태환경 회복에 힘썼다. 하지만 이건 시작일 뿐 해야 할 일은 앞으로가 더 많다. 해결해야 할 과제로 기후변화로 인한 생태환경 변화와 외래 해충 및 식물 유입 이슈가 있다. 그리고 관광버스 진입 제한으로 인한 접근성 약화 같은 불편함도 제기되어 왔다. 서울시가 2023년 발표한 '지속가능한 남산 프로젝트'는 남산르네상스의 2.0 버전으로, 이전 기조를 이어가되 남산의 '보존'과 '이용'이 충돌하지 않고 협력하면서 남산의 지속성을 높여 가는 것이다.

지속가능한 남산 프로젝트는 2대 핵심사업으로 구성된다. 첫 번째 핵심사업은 생태환경 회복이다. 남산은 서울의 생명력이자 생태도심의 시작점이다. 2006년, 2007년 지정한 생태환경 보전지역을 확대하고 남산 물순환 환경을 개선해 동식물의 서식처를 확보할 예정이다. 또한 현재 남산 전체 면적의 약 13%가 물이 땅에 스며들기 어려운 아스팔트로 포장돼 있는데, 이를 투수성 높은 친환경 포장으로 개선할 계획이다.

두 번째 핵심사업은 도심 속 여가 공간 조성이다. 서울시는 체력단련장에서 남산도서관까지 남산 하늘 숲길을 조성할 계획이다. 또한 남산 식물원 야외공간에는 2025년 10월 '남산 한국 숲 정원'을 만들 예정인데, 일대에 15개의 테마정원을 조성한다. 소나무, 무궁화 같은 한국의 나무와 꽃으로 꾸며진 정원, 이끼가 덮여 촉촉한 숲길 가운데 흙길이 놓이는 이끼원이 조성될 예정이다. 그 외에도 기존 7,294m의 남산둘레길, 3,892m의 한양도성길, 2,285m의 성곽길을 포함한 자연경관 탐방로를 재정비한다.

남산 식물원 야외공간에는 2025년 10월 '남산 한국 숲 정원'을
만들 예정인데, 일대에 15개의 테마정원을 조성할 계획이다.

북서울꿈의숲

진정한 시민들의 꿈

서울 강북구 오현로에 인접한 북서울꿈의숲 서쪽 입구, 능선을 따라 솟아오른 건물들이 눈에 들어온다. 그중에서도 흡사 스키점프대처럼 산 정상에 역동적인 사선 형태로 자리한 전망대는 이제 이곳 공원과 지역의 랜드마크다. 이곳의 건물들은 산의 지형을 따라 무심한 듯 툭 놓여 있지만, 땅에서 들어올려 세워진 건물들에서 산세와 나무를 훼손하지 않으려는 의지가 보인다. 이전에 이곳이 드림랜드라는 이름의 테마파크와 눈썰매장으로 쓰이느라 훼손된 적 있다는 사실이 믿기지 않을 만큼 이곳의 지형과 자연은 놀랍도록 아름답다.

꿈의 땅, 꿈의 숲

1987년에 개장한 드림랜드는 한때 학생들의 단골 소풍 장소였고, 1990년대까지 지역 명소로 인기가 많았다. 하지만 서울에 롯데월드 같은 대형 테마파크가 생기며 경쟁력을 잃었고, 운영 기업 자금난 등이 겹치며 쇠락의 길을 걸었다. 오랫동안 방치된 이곳은 토지 소유 관계도 명확하지 않았다. 서울시에서 초기에 소유자 대표를 찾는 데만도 한 달 이상이 걸렸고, 땅을 매입하기까지의 협상 과정도 6개월이 걸렸다. 이런 과정을 포함해 계획안 완성까지 1년여의 시간이 지났고, 북서울꿈의숲은 2008년 10월에 착공하여 2009년 10월 마침내 문을 열었다.

이름은 드림랜드 명칭에서 따온 '꿈의 숲'과 강북 주민의 휴식처임을 알리는 '북서울'을 합친 작명이다. 이름에 지리적 위치와 공간의 정체성이 다 들어 있다. 공원의 면적은 66만 2,627m²인데, 서울에서 4번째로 큰 공원이다. 공원 조성을 발표한 2007년만 하더라도 강북지역에 생활권공원이 부족한 실정이었다. 서울 시내 대형공원인 월드컵공

북서울꿈의숲의 면적은 66만 2,627m²로 서울에서 4번째로 큰 공원이다.

원, 보라매공원, 서울숲, 어린이대공원, 올림픽공원, 여의도공원은 모두 남산 남쪽에 있었다. 강북지역은 전통적인 주거 밀집지역이지만 오히려 대형공원의 사각지대였고, 북서울꿈의숲은 그래서 균형발전의 차원에서도 꼭 필요한 공원 입지였다.

눈썰매장을 덮은 푸른 잔디밭

지하철 6호선 돌곶이역에서 북쪽으로 도보 20분 정도 거리에 공원 정문이 있다. 방문자센터가 있는 이 출입구부터 안쪽으로 완만한 오르막이 이어지면서 공원이 펼쳐진다. 보통의 공원이 평지에 넓게 조성되어 아늑한 안정감을 준다면 이곳은 경사지에 만들어져 이색적인 풍경과 전망을 선사한다. 이 오르막을 따라 이야기 정원, 월영지, 청운답원(잔디광장), 창포원, 문화광장이 배치돼 있다.

이야기 정원에는 초화원과 사슴방사장, 창녕위궁재사가 있다. 초화원과 사슴방사장은 과거에 골프연습장이 있던 곳인데, 철거 후 하부엔 주차장을, 그 위엔 태양광 발전설비를 설치했다. 그 외 공간에는 억새 등의 지피식물과 야생초화류를 심었다. 사슴방사장은 어린이 방문객에게 특히 인기가 많은 곳이다. 등록문화재인 창녕위궁재사 인근은 전통조경으로 꾸몄는데, 다음 공간인 월영지까지 그 콘셉트가 이어진다.

청운답원에는 서울 광장의 2배에 달하는 잔디광장이 펼쳐져 있다. 이곳에는 미술관과 물놀이장이 함께 있어 어른과 어린이들이 함께 시간을 보내며 즐길 수 있다. 창포원에는 소규모 공연을 할 수 있는 마당과 1층 규모의 카페테리아가 있다. 가장 안쪽에 위치한 문화광장에는 아트센터와 전망대가 있는데, 전망대는 과거 드림랜드에 있던 눈썰매장의 경사를 그대로 살려 만들었다. 수직으로 오르내리는 것이 아니라 비스듬한 경사지를 따라 움직이는 엘리베이터를 타고 꼭대기에 오르면 북한산, 도봉산, 수락산의 절경을 감상할 수 있다.

2005년 드림랜드 전경

북서울꿈의숲 전경. 드림랜드의 '꿈의 숲'과 강북주민의 휴식처임을 알리는 '북서울'을 합쳐 공원 이름을 지었다.

서서울호수공원

소음에 대처하는 예술의 재치

소음이 기다려지는 이유

서서울호수공원에는 독특한 풍경이 있다. 비행기가 지나가면 사람들이 하늘 위가 아니라 호수 위를 바라본다. 이유는 비행기 소음으로 작동하는 호수의 소리분수 때문이다. 날아오는 비행기가 가까워지면 41개 물줄기가 그 움직임을 따라 파도타기를 하며 공중으로 15m의 물을 뿜는다. 매번 작동하는 것은 아니고, 항공기 소음이 80db을 초과할 때 분수쇼가 펼쳐진다. 불청객을 기다려지는 손님으로 바꾼 예술의 힘이다.

항공기 소음은 이 지역의 고질적 문제와 민원이었다. 4km 거리에 김포공항이 있고, 항로가 동네 바로 위에 놓였기 때문이다. 소음이 발생하는 환경은 바꾸기 어렵다. 하지만 소리분수는 그 소음을 다르게 경험하고 받아들이게 했다. 비행기 소리를 신호로 삼아 분수 쇼를 기대하는 공원의 시민들. 거기 사는 사람들의 경험을 깊이 이해한 바탕에서 지역의 문제를 해결한 공공디자인의 훌륭한 사례다.

수도관이 놓인 공원의 기억

이렇게 사랑받는 서서울호수공원은 원래 신월정수장이었다. 1959년에 정수장으로 개장해 일평균 12만 톤의 수돗물을 공급했지만, 2003년 서울시 정수장 정비종합계획으로 가동 중지됐다. 폐장 이후에는 접근 통제 상태로 방치됐다. 이를 두고 여러 개발 계획을 검토하다가 지역 불균형 해소 차원에서 공원 조성을 결정한 것이다.

2009년 10월, 과거 정수장의 건축 구조를 디자인으로 활용해 어디서도 볼 수 없는 장소가 탄생했다. 공원에 들어가면 길게 놓여 있는 원통형 벤치와 원통형의 자전거 보관대가 보인다. 이 시설은 정수장에서 쓰이던 지름 1m의 수도관을 활용한

공원은 전체적으로 선형으로 계획되었다. 기존 구조물에서
비롯된 차분한 색채와 꾸밈없는 재료가 수풀과 어우러진다.

것이다. 재생 정원 옆에는 20m 길이를 자랑하는 100인의 식탁이 풀밭과 호수를 향해 놓여 있다. 말 그대로 100명이 함께 앉아 식사를 할 수 있는 탁자인데, 단체로 현장학습을 나온 유치원생이 모여 앉아 있는 모습을 종종 볼 수 있다. 호수를 가운데 두고 맞은편에 ㅡ 자로 평행하게 있는 방문자센터도 기존 정수장 건물을 활용했다. 방문자센터의 열주는 호수와 나란하게 전개되면서 공간의 질서를 형성한다.

공원 안으로 들어가면 몬드리안 정원이 있다. 이곳은 침전조 구조물을 재활용했다. 이 침전조는 지형 높이보다 낮은 곳에 대량의 물을 담던 거대한 수조다. 철근이 드러난 콘크리트 기둥과 벽이 군데군데 무심하게 서 있다. 담쟁이넝쿨이 이를 감싸며 공원의 세월을 보여준다. 바닥에는 그리드를 그리며 놓인 나무데크와 수공간이 패턴을 형성한다. 나무 벤치 또한 네모난 형태로 패턴 속에 조화롭게 놓여 있다.

공원이 고마운 주민들의 플래카드

공원은 전체적으로 선 형태로 디자인됐다. 그러면서 기존 구조물에서 비롯된 차분한 색채와 꾸밈없는 재료가 수풀과 어우러진다. 이곳은 보통의 근린공원이나 체육공원처럼 단순한 활동을 하는 데만 목적이 있지 않고, 장소의 기억을 함께 보여주어야 했기 때문이다.

서서울호수공원을 설계한 조경가 최신현(씨토포스 대표)은 "공원은 도시를 더 도시답게 만들고 삶의 가치와 질을 높여줍니다. 공원이 조성된 이후 주변이 활성화되면서 카페도 들어오고 지역의 가치가 올라갔어요. 당시 주민분들이 이런 공원을 만들어줘서 고맙다고 플래카드를 걸었죠. 참 감사한 일입니다"라고 말했다. 공원은 지역의 문제와 장소의 특성을 디자인으로 슬기롭게 풀어냈다. 이런 점은 세계적으로도 인정을 받아, 서서울호수공원은 2011년 미국조경가협회에서 우수상을 받았다.

1980년 신월정수장

서서울호수공원은 과거 정수장의 건축 구조를 활용해 특별한 매력이 있는 장소로 만들어졌다.

중랑캠핑숲

숲으로 퇴근하는 사람들

2010년대 들어 한국에 캠핑문화가 급격히 확산됐다. 농촌경제연구소에 따르면 2009년 82만 명이던 캠핑인구는 2014년 276만 명으로 늘었는데, 불과 5년 만에 3배가 넘게 늘어난 것이다. 코로나19 이후 캠핑문화는 더욱 대중화됐다.

사람들이 캠핑을 좋아하는 이유는 뭘까? 캠핑할 땐 자유를 느낄 수 있기 때문이다. 귀가 걱정 없이, 딱 한 장소에만 한정 짓지 않고 주변 자연환경을 즐기면서, 편한 차림으로 입고 움직일 수 있다. 하지만 그 자유를 누리기 위해선 운전, 주차, 짐 싣고 나르기, 장보기, 텐트 설치하기 등 그만큼 수반되는 노동이 있다. 무엇보다 캠핑지로 이동하는 데 큰 힘이 든다.

서울시에 캠핑장은 몇 군데나 있을까? 2024년 기준으로 9군데다. 중랑캠핑숲이 개장한 2010년을 기준으로 하면, 이곳을 포함해 5개였다. 도시의 캠핑장을 찾는 가장 큰 이유는 가까운 거리 때문이다. 쉬는 날조차 이동에 시간과 비용을 들이고 싶지 않기 때문이다. 중랑캠핑숲은 대중교통으로 접근 가능하고 중앙선 양원역에서는 도보 7분 거리다. 심지어 평일에 반차를 내고 방문하는 이도 적지 않다. 게다가 '숲에서 캠핑'이라니, '산이나 들 또는 바닷가 따위에 텐트를 치고 야영함'이라는 캠핑의 본질에도 딱 걸맞다.

중랑캠핑숲은 18만m^2의 공원을 품고 있다. 전체 공원은 가족캠프존 37,200m^2, 청소년 문화존 25,300m^2, 생태체험존 42,000m^2, 숲체험존 75,166m^2의 4개 구역으로 구성되었다.

가족캠프존은 공용공간과 캠핑공간으로 나뉜다. 반달 모양의 공용공간 부지에는 관리소가 곡선을 그리며 놓여 있다. 그 앞에서부터 연못이 S 자를 그리며 캠핑공간으로 이어진다. 총 47면의 캠핑사이트가 있고, 사이트마다 서 있는 나무 한 그루는 차양과 차경 역할을 한다. 이곳은 오토캠핑이나 이지캠핑을 선택할 수 있어, 장비가 없거나 친숙하지 않은 사람도 이용이 편리하다.

가족캠프존부터 생태체험존과 숲체험존은 경사가 차츰 높아지는 숲길로 이어진다. 도시에서 떠나온 기분으로 산속 숲길을 걷다가 지그재그로 완만하게 하강하면 청소년문화존의 잔디광장이 펼쳐진다. 얕은 동산으로 둘러싸인 안락한 잔디광장에는 2018년 양원숲속도서관이 지어졌다. 여유를 찾아 떠나온 사람들에게 숲속 도서관은 낭만을 더해준다.

중랑캠핑숲은 이전에 개발제한구역으로 40년 동안 묶여 있던 땅에 무허가 비닐하우스와 분묘가 적치된 곳이었다. 이곳은 제대로 보호받지도 쓰이지도 못한 채 마냥 방치돼 있었다. 이런 땅에 중랑캠핑숲이 들어서 그간 부족했던 서울 동북부지역의 여가공간을 채워주었다. 사회문화적 흐름에도 한발 앞서 조성된 캠핑장은 코로나19 시기에는 보물 같은 장소였다. 조금만 움직이면 손에 잡히는 자연 속 자유가 여기 있다.

캠핑공간에는 47면의 캠핑사이트가 있다. 이곳은 오토캠핑이나 이지캠핑을 선택할 수 있어, 장비가 없거나 캠핑에 친숙하지 않은 사람도 이용이 편리하다.

캠핑공간에는 수목 사이, 개별적으로 캠핑사이트가 조성되어 있다.

작은 연못을 끼고 있는 공용공간 부지의 관리소

서울창포원

지역을 꽃향기로 채우다

창포와 꽃창포의 차이를 아는 사람이 얼마나 될까. 창포는 단오에 머리를 감는 창포물의 그 '창포'다. 꽃창포는 붓꽃의 일종으로 영어로는 아이리스(Iris)라 부른다. 서울창포원은 후자인 꽃창포를 주제로 만든 생태공원이다.

서울창포원은 2006년 11월에 조성사업을 시작해 2009년 6월에 개장했다. 서울시는 2006년 이후 강남북 불균형을 해소하려는 강한 의지를 보였는데, 그 방법 중 하나는 주거지 개선이었다. 주거지는 낡은 개별 주택만 바꾼다고 좋아지는 것이 아니라, 인근 도시 인프라를 함께 개선할 때 좋아질 수 있다. 서울시는 그런 관점에서 강북지역의 유휴공간 개선을 고민하는 한편, 녹지 면적 확충 계획을 세우며 도봉구 끝자락 방치된 땅의 쓰임을 찾아주었다.

도봉산역 2번 출구로 나와 도로를 건너면 바로 서울창포원을 만날 수 있다. 공원 입구에서 중랑천으로 곧게 이어지는 약 210m 길이의 공간을 위, 아래로 나눈다. 길 중간지점에 목재 데크 다리가 놓여 있는데, 아래에는 길과 교차해 연못이 흐른다. 이 길을 기준으로 북쪽에는 마당 중심의 녹지공간과 카페가, 남쪽에는 습지원 중심의 녹지공간과 붓꽃원이 있다. 서울창포원 전체 면적은 51,146m²로 서울광장의 4배 수준 규모다. 대규모 공원은 아니지만, 꽃, 풀, 물 등의 조경 요소로 공간을 짜임새 있게 구분해 놓았다.

입구부터 공원을 가로지르는 길을 제외하고, 서울창포원의 모든 보행로는 폭이 좁은 곡선 형태다. 억새나 붓꽃같이 키 큰 풀이 군집을 이루며 곳곳에 있고, 좁은 길이 그 사이를 구불구불 지난다. 가끔 길을 따라 포켓처럼 벤치가 둥글게 여럿 모여 있는 공간들이 나온다. 습지원에서 이어진 물웅덩이에는 수경식물이 펼쳐져 있고, 그 위로 나무 데크가 놓여 있어 전원적인 풍경의 조경 공간을 연출한다.

세계 4대 꽃 중 하나로 꼽히는 붓꽃을 주제로 조성한 서울창포원은 생태공원으로 지정돼 있다. 예로부터 약용으로 사용된 붓꽃의 테마를 살려 공원에는 야외 약용식물원을 만들었다. 또 공원 곳곳에 130여 종의 다양한 붓꽃을 약 30만 본 심었다. 붓꽃은 꽃이 없을 때는 잎 모양이 난과 비슷해 공원에서는 계절마다 다른 풍경을 감상할 수 있다. 공원 입구에는 서울둘레길 인증 스탬프를 찍을 수 있는 부스가 있다. 서울창포원이 도봉산 둘레길 코스 중 하나라서다. 2024년을 기준으로 도봉산 둘레길 2.0을 계획하고 있는데, 이는 도봉산부터 창동에 조성 중인 서울아레나까지 연결되는 순환 산책로다. 그 순환 동선에 서울창포원이 있다.

서울창포원의 보행로는 폭이 좁은 곡선 형태다. 억새나 붓꽃같이 키 큰 풀이 군집을 이루며 곳곳에 있고, 좁은 길이 그 사이를 구불구불 지난다.

서울둘레길 & 서울초록길

연결의 힘

걷기는 가장 보편적인 여가활동이다. 단순한 활동이지만, 어디를 얼마만큼 걷느냐에 따라 결과가 달라진다. 휴식이 되기도 하고, 운동이나 탐방이 될 수도 있다. 2007년 제주올레길과 지리산둘레길 개통은 걷기를 단순한 이동이 아니라 하나의 정서적 휴식이자 여정으로 만들며 걷기 열풍을 일으켰다. 이런 인기에 힘입어 전국 각지에서 강화 올레길, 태안 해안길, 동해 해파랑길 등 여러 길이 탄생했다.

그런데 서울둘레길은 좀 다르다. 위에서 언급한 길들은 대체로 아름다운 자연경관을 테마로 한다. 한데, 서울둘레길은 보다 입체적이다. 서울은 산으로 둘러싸인 대도시다. 그리고 강이 도시 가운데를 통과한다. 서울둘레길은 산길을 지나며 필연적으로 시가지와 강을 건너는 복합적이고 입체적인 모습을 갖고 있다.

2014년 개통한 서울둘레길은 총 156.5km로 서울을 한 바퀴 휘감는다. 대중교통으로 접근하기 쉽게 했고, 산길은 건강 약자를 생각해 경사가 심하지 않은 흙길 위주로 경로를 계획했다. 서울 북쪽 끝부터 시계 방향으로 수락·불암산 코스, 용마·아차산 코스, 고덕·일자산 코스, 대모·우면산 코스, 관악산 코스, 안양천 코스, 봉산·앵봉산 코스, 북한산 코스까지 총 8개 코스로 구성했다. 3개 코스를 제외하고 대부분의 코스는 5시간 30분에서 6시간 30분 사이면 걸을 수 있다. 대모·우면산은 8시간, 고덕·일자산은 9시간, 북한산 코스는 17시간으로 다 걷는 데 좀 더 시간이 오래 걸린다. 숲길, 하천길, 마을길로 이뤄진 둘레길을 걸으며 서울의 역사, 문화, 자연생태를 체험할 수 있다.

코스 중간중간에 28개의 스탬프가 설치돼 있는데, 이를 찍어오면 완주 인증서를 발급했다. 서울둘레길은 조성된 지 1년 만에 완주자 6,500명을 넘어섰다. 공식 완주 인증을 받은 사람만 따진 수라, 실제로는 훨씬 많았을 것이다. 코스별로 특색이 있고, '도장 깨기'처럼 스탬프 인증을 할 수 있어 인기가 많았다. 하지만 코스당 길이가 너무 길어 피로도가 높다는 어려움이 많았다. 이에 따라 2024년, 기존 8개에서 21개로 코스를 조정하고 '서울둘레길2.0'으로 개편했다. 적정 시간을 2~4시간으로 설정해 길이를 조정했다. 중간중간 휴식공간도 확대하고, 피로도가 높은 산길에는 거점 산림휴양시설을 만들 예정이다.

서울시는 둘레길뿐만 아니라 도시 곳곳의 가로숲길을 초록으로 연결할 계획이다. 중랑천, 안양천, 탄천, 홍제천을 비롯한 서울 하천변에 '하천숲길'을 만든다. 경의선숲길이나 조성 중인 국회대로 상부 공원 같은 선형공원들은 '공원형가로숲길'과 '생활형가로숲길'을 만들어 연결할 계획이다. 서울시는 이러한 길들이 연결된 녹색 네트워크를 서울 전역에 구축한다. 2024년까지 단절된 녹지축을 연결하는 161개 사업을 통해 1,982km를 완성했다. 둘레길을 정비하고 하천 생태복원 등을 통해 2025년에는 2,000km의 초록길을 조성할 예정이다. 이후에는 2026년까지 총 2,063km의 초록길 완성을 목표로 한다.

서울시는 둘레길뿐만 아니라 도시 곳곳의 가로숲길을 초록으로 연결할 계획이다. 중랑천, 안양천, 탄천, 홍제천을 비롯한 서울 하천변에 '하천숲길'을 만든다.

경의선숲길 & 경춘선숲길

녹슨 폐선부지 위로 초록의 생명이

경의선숲길

언젠가부터 서울 곳곳에도 '○트럴파크'라는 이름들이 붙기 시작했다. 뉴욕 센트럴파크처럼 시민들에게 사랑받는 공원과 주변 지역에 붙여진 이름이다. 그 시초가 어디였을까? 바로 연남동 연트럴파크다. 경의선 폐선부지에 조성된 이 선형 공원에 이제 평일 밤낮, 주말 할 것 없이 인파가 몰려 공원인데도 인파로 어깨가 닿을 지경이다.

불과 10년 전만 해도 이곳은 삭막하기 그지없었다. 거대하게 버려진 공터가 길을 장악하고 양옆으로는 차량이 줄지어 빼곡하게 주차돼 있었다. 서울시는 총 3번에 걸친 경의선숲길 조성 공사를 진행했고, 연남동은 2015년 6월 두 번째로 완공됐다. 가좌역에서 홍대입구역까지 1.3km에 이르는 연남동 경의선숲길은 주변 홍대입구역 상권과 문화라는 바탕 위에서 일약 지역의 주연으로 발돋움했다.

25m 폭의 공원은 잔디밭과 광장 위주의 열린 공간으로 구성돼 있다. 옛 세교천 지류가 흐르는 땅의 역사를 반영해 실개천도 만들었다. 당시 연남동과 함께 새창고개 구간도 조성을 마쳤다. 공덕역과 효창공원앞역을 연결하는 0.6km의 새창고개 능선은 과거 경의선 철길이 놓이며 끊겼던 곳인데 이번 조성 과정에서 복원됐다.

앞서 2012년 2월에 가장 먼저 조성된 곳은 대흥동 구간이다. 이곳은 공덕 부근 업무지구와 홍대의 대학가를 연결하는데, 한쪽에 도로가 맞붙어 있어서 드나들기 편하고 오가는 사람이 많다. 공원화를 통해 보행로와 자전거도로를 명확하게 구분했고, 벚나무 수목터널로 위요감을 주었다. 용산문화센터에서 가좌역에 이르는 6.3km의 선형 공원인 경의선숲길은 그 길이만큼이나 다양한 지역을 지난다. 공원을 만들어 예전에 철길로 단절됐던 동네를 다시 연결했고 도시, 사람, 자연을 융합하고 새로운 커뮤니티를 탄생시켰다.

경춘선숲길

한편, 살아 있는 기차박물관을 찾고 싶으면 노원구 화랑대역 역사를 찾아가 보자. 이곳은 장난감 모형을 늘여놓은 실내 전시장이 아니라, 실제 기차들이 선로 위에 놓여 있는 진짜 기차박물관이다.

화랑대역은 서울의 마지막 간이역으로 경춘선숲길 3구간에 있다. 건립 당시 원형을 유지하고 있으며, 2006년 근대문화유산으로 등록됐다. 비대칭의 하늘색 박공지붕이 얹혀진 노란색 간이역은 도심에서 느끼기 어려운 정취를 지닌다. 역 옆에 기차가 전시돼 있고, 북카페로 만든 객차도 있다. 책에서만 보던 증기 기관차, 협궤열차 그리고 이제는 운행하지 않는 무궁화호도 있다. 게다가 체코 프라하와 일본 히로시마에서 운행됐던 노면 전차도 있으니, 국내외 할 것 없이 역사 속 기차를 실물로 만날 수 있다.

국내 철로 중 상당수는 일제강점기 자원 수탈을 위해 깔렸다. 하지만 경춘선은 춘천 상인들이 중심이 되어 우리 민족자본으로 만든 첫 철도다. 1939년 완공해 현재 제기역 근처에서 춘천까지 철도가 운행되다가 경춘선이 복선전철화되면서 기존 선로는 2010년 폐선됐다.

경춘선숲길은 2013년부터 단계적으로 조성했다. 경춘선숲길은 월계역 부근에서 시작해 서울시계에서 끝난다. 1구간 숲길은 철길을 따라 S자 곡선을 그리며 노원구 일대를 지난다. 폭 12m 남짓에 단독주택 지변으로 마을의 좁은 골목길과 얽힌다. 일상 공간과 가까워서 '마을의 뜰'을 주제로 벚나무, 살구나무, 계절초화, 향토초화로 정원이 구성됐다. 2구간은 중랑천을 지나는 철교와 공동주택지가 모여 있다. 주민들이 산책하던 잣나무 수림과 철길변을 따라 텃밭으로 사용되며 자생적으로 도시농업교육이 이뤄지던 장소였다. 이곳은 지역 커뮤니티를 잇고 활성화시키기 위해 커뮤니티 정원과 생산정원이 주제가 되었다. 중랑천 산책로와 자전거길을 연결한 철교는 옛 모습을 최대한 살렸다.

경춘선숲길은 철교의 옛 모습을 최대한 살려 산책로가 조성됐다.

경의선숲길 새창고개 구간

연남동 경의선숲길은 25m 폭의 공원에 잔디밭과 광장 위주의 열린 공간으로 구성되었다.

국회대로 상부 공원

지역과 문화를 잇는
입체적 선형 공원

국회대로는 경인고속도로의 신월IC와 서강대교 북단을 잇는 왕복 8차선의 간선도로로, 2010년 명칭이 제정되기 이전에는 제물포길로 불렸다. 여의도와 경인고속도로를 연결하는 핵심 간선도로인 국회대로는 하루 교통량 약 19만 대의 상습적인 교통정체 구간이었다. 이러한 교통량을 분산하기 위해 2015년 말 이 구간의 지하도로 건설 사업이 시작되었다. 이 지하도는 '신월여의지하도로'라는 명칭으로 2021년 개통됐는데, 이를 계기로 자동차전용도로의 지하화와 상부 공원화 구상이 본격화됐다.

폭이 넓은 자동차전용도로인 국회대로는 도로 양쪽을 단절시켜 주변 지역의 개발을 어렵게 하였다. 소음도 심하고 미세먼지로 환경오염도 일으켰기에 지역발전 저해요인으로 애물단지가 됐다. 상부 공원화는 단절된 지역을 회복하고 서남권에 부족한 공원면적을 확보해 그린 네트워크를 구축하기 위한 사업이었다.

국회대로 상부 공원은 양천구 신월IC부터 영등포구 국회의사당 교차로까지, 연장은 7.6km, 폭은 40~55m이고 공원이 조성되는 면적은 약 11만m^2이다. 신월IC부터 목동운동장 부근의 청소년수련관 삼거리까지의 4km 구간은 중앙공원화 구간으로, 이후부터 국회의사당교차로까지의 3.6km 구간은 도로다이어트 구간으로 구분된다.

서울시는 국회대로 상부 공원화 마스터플랜 수립을 위해 총 2단계에 걸쳐 국제설계공모를 진행했다. 당선작은 씨토포스 외 4개 사 컨소시엄(아뜰리에리옹 서울, 스튜디오 이공일, 라디오, 에스엘디자인 주식회사, 건축사사무소 53427)으로 구성된 팀의 '적구창신(跡舊創新)'이다. 오래된 기억과 흔적으로 새로운 미래를 만든다는 뜻이다. 1930년까지만 해도 산과 들, 하천이 존재하던 대상지에 최초의 고속도로가 놓이며 아스팔트, 소음, 분진으로 기억되던 공간을 사람과 자연 중심의 '천년의 숲'으로 만든다는 의미이다.

계획안은 고속도로라는 기본적인 틀을 두고, 선형공원의 장점을 살리고자 했다. 선형공원의 장점은 공원에 걸려 있는 토지들의 성격이 모두 다르다는 것이다. 단점은 면적이 넓어 단조롭기 쉬운 것이다. 하지만 토지의 다른 성격을 적용하고 지하와 지상을 오갈 수 있게 입체적으로 구성하면 다양한 행태를 유도할 수 있다.

신월IC 교차로에서 화곡고가사거리까지 구간은 '도시숲화'하고, 화곡고가사거리에는 '선큰광장'을 조성하고, 이후로 홍익병원사거리까지는 '천년의 숲'으로 조성하여 공중보도와 입체적 공간으로 탈바꿈시킬 것이다. 이처럼 국회대로 상부 공원은 다양성과 높낮이가 다른 공간감으로 인해, 방문객들에게 한층 매력적인 공간으로 다가갈 것이다. 도로와 오염된 흙은 사라지고 산업화와 함께 달려온 고속도로는 이제 미래세대에게 숲이 되어 기억을 이어 나갈 것이다.

선형공원은 공원을 따라 만나는 도시의 성격이 모두 다르다. 국회대로 상부 공원은 지하와 지상을 오가며 입체적으로 구성하고, 선형공원의 장점을 살려 계획하여 다채로운 경험을 선사할 계획이다.

열린송현녹지광장

마침내 열린 서울 한복판 비밀의 정원

있지만 없는 땅

사대문 안 광장이라고 하면 보통 서울시청 앞 광장이나 광화문광장을 많이 떠올린다. 하지만 최근 도심 풍경이라고 느껴지지 않는 새로운 모습의 광장이 문을 열었다. 열린송현녹지광장은 우리가 지금껏 경험하지 못했던 서울 도심 풍경이다. 송현동 부지는 지난 110년 동안 대중에게 공개되지 않아 흔히들 '있지만 없는 땅'이라 불렸다. 이곳은 안국역과 광화문 사이에 위치한 37,117m²의 땅인데, 이는 서울광장의 3배에 달하는 규모다. 출입이 불가능하고 4m의 높은 담장에 둘러싸인 이 땅은 유동인구가 매우 많은 도심에 위치하면서도 어떤 경험도 할 수 없는, 거대한 공백 같은 곳이었다.

도심의 목가적 풍경

송현동 부지는 '열린송현녹지광장'으로 2022년 10월에 개방됐다. 부지를 둘러싸던 4m 높이의 담장은 1.2m의 정겨운 돌담으로 바뀌었다. 경복궁과 북촌이 근처에 있어 건물을 올릴 수 없던 이 곳은, 눈앞을 가로막던 거대한 벽이 사라지자 탁 트인 광경이 펼쳐지며 멀리까지 시야가 닿는 공간으로 바뀌었다. 저 멀리 북악산과 인왕산이 파노라마로 펼쳐지는 가운데 궁궐의 전각들이 다양한 스카이라인을 그리며 놓여 있다. 도심에서는 느껴보기 쉽지 않은 개방감 있는 진풍경이다.

광장에서 도시를 바라보는 풍경 또한 흥미롭다. 율곡로 건너편으로는 나란히 서 있는 다양한 입면의 빌딩을 볼 수 있고, 안국역에서 북촌 방향으로는 덕성여고나 공예박물관 등 해방 이전의 건물을 볼 수 있다.

광장 내부로는 그간 막혀 있던 보행동선을 연결했

송현동 부지는 '열린송현녹지광장'으로 2022년 10월에 개방됐다. 부지를 둘러싸던 4m 높이의 담장은 1.2m의 정겨운 돌담으로 바뀌었다.

'열린송현녹지광장' 임시개방을 기념해 설치했던 달 조형물

다. 경복궁과 북촌을 잇는 지름길이 나면서 광화문 광장에서 인사동과 북촌 골목길로 자연스럽게 오갈 수 있게 되었다. 한가운데는 1만m²의 중앙잔디광장을 만들고, 그 주변에는 계절에 따라 모습이 바뀌는 야생화 군락지를 조성했다.

열린 땅의 문화적 활용

열린송현녹지광장은 2년의 임시개방 기간을 가진 후 '(가칭)이건희 기증관을 품은 송현문화공원'으로 조성될 계획이다. 임시개방 기간 동안은 시민참여형 문화예술공간으로 쓰였다. 2023년 5월부터 10월에는 '서울도시건축비엔날레'의 현장프로젝트가 열렸다. 광장에는 다양한 파빌리온이 세워졌는데, 도심 속에서 이곳의 공간적인 가능성을 실험하는 전시였다. 주제관인 '하늘소'는 하늘과 만나는 곳이라는 의미인데, 12m 높이의 전망대 형태를 가진 철골 구조물이었다. 단순히 높은 곳에 올라가는 행위이지만, 이를 통해 경복궁의 배치가 인왕산과 북한산의 산세와 어떤 관계를 가지고 있는지, 현대적인 건물과 주변이 어떻게 어우러지는지를 경험할 수 있었다.

쓰임을 여전히 찾고 있는 송현동 부지이지만 열린 것 자체만으로도 100년의 단절된 시간이 무색하게 시민들과 빠르게 관계를 다시 맺고 있다.

서울도시건축비엔날레에서 설치된 12m 높이의 파빌리온 '하늘소'

송현동 부지는 임시개방 기간 동안 시민참여형 문화예술공간으로 쓰였다. 2023년 서울도시건축비엔날레에서는 광장에 다양한 파빌리온이 세워졌다.

서울광장

소나무 그늘 아래 도시숲길

서울광장은 서울 중심에 있는 대표적으로 열린 공간이다. 시청과 서울도서관에 면한 서울광장은 사계절 다양한 활동이 이뤄지는 이벤트 장이며, 사회적 이슈에 빠르게 반응하는 장소이기도 하다. 더불어 누구나 와서 걷고 뛰고 앉을 수 있는 휴식 공간이기도 하다.

서울광장은 2004년 조성되었다. 이곳은 역사문화자원이 밀집한 도심 한가운데이고, 국가적 상징성을 갖는 장소이었지만, 이전에는 자동차 위주의 교통광장에 머물렀다. 상습 정체가 일어나는 교통광장이었기에 시민들에게 보행로 단절을 일으켜 큰 불편을 주는 문제도 있었다. 서울광장은 무려 5개 길이 모이는 결절점이었다. 물리적으로 통행이 잦을 위치인데, 지하상가나 지하보도로만 횡단할 수 있었다.

서울시는 이곳을 상징적 장소이자 시민의 마당으로 바꾸기 위해 2004년에 한 달간 명칭을 공모했고 '서울광장'이란 이름으로 광장을 조성했다. 교통광장에서 서울광장으로 재탄생하기까지 79일의 시간이 걸렸다. 기초를 다져 그 위로 잔디를 식재하고, 보행자들이 많은 타원형 광장 둘레에 화강석 보도를 깔았다. 일반적인 지주식 조명 대신 바닥에 매입 조명을 설치해 넓은 잔디밭에 자유로운 공간을 연출했다.

서울광장이 열린 지 20년이 흐른 2024년, 그간 시민들의 이용 경험을 바탕으로 다시 한번 이곳의 환경을 개선했다. 뛰어다니기 좋은 광활한 잔디이지만 그늘이 없어 쉬려면 광장 주변 빌딩 아래로 이동해야 했다. 광장 옆 8차선의 세종대로에 열려있어 번잡하고, 여름이면 도로에서 열기가 올라왔다. 서울시는 평온한 휴식 공간으로 서울광장을 개선하려 '서울광장숲'이란 해결책을 냈다.

광장 외곽에 녹지대 748m²를 조성하고 대중적 선호도가 높은 소나무를 심었다. 1차로 41그루의 소나무를 심었는데, 이는 추후 세종대로 사람숲길 녹지축과 연결할 초석이기도 하다. 이곳의 소나무들은 도시 곳곳의 조경공간과 연결되어 점차 도시숲길을 이뤄나갈 계획이다. 나무 그늘 아래로 머물기 좋고, 걷기 편한 도시의 모습을 그려볼 수 있다.

서울광장은 1년 내내 행사 공간으로 인기가 좋다. 겨울에는 스케이트장이, 봄에서 가을까지는 다양한 시민참여 문화행사가 열린다. 그중 서울도서관 앞에서 열리는 야외도서관은 '건물 없는 도서관'이란 혁신적인 콘셉트로 특히 반응이 뜨겁다. 서울야외도서관은 2024년 OECD(경제협력개발기구)의 정부혁신 우수사례로 선정되기도 했다. 누구나 쉽고 안전하게 누릴 수 있는 사회적 공간으로 가치를 인정받은 것이다.

접근성이 좋은 것에 그치지 않고 오래 머물 수 있는 환경과 문화와 휴식을 위한 공간으로 서울광장은 거듭나고 있다. 도시의 공간들은 좋은 하드웨어와 소프트웨어가 결합했을 때, 도시민의 삶을 풍부하게 만드는 장소가 된다.

서울광장에서 열리는 서울야외도서관은 '건물 없는 도서관'이란 혁신적인 콘셉트로 특히 반응이 뜨겁다.

여의도공원

시민이 사랑하고 세계인이 찾는 도심문화공원으로의 탈바꿈

여의도공원은 서울을 대표하는 도심공원이다. 여의도공원의 면적은 229,539m²로 여의도 면적의 약 8%를 차지하는 대규모 공원이며, 여의도 중앙에 위치하여 서울의 중심을 흐르는 한강과 인접하고 있다.

여의도공원은 대한민국의 시대상을 대표하는 상징적인 장소로 역사적 배경과 형성 과정을 가지고 있다. 1966년 여의도 내 대규모 수해 이후 여의도 윤중제를 건설하고 김수근 건축가가 도시 선형계획을 진행하면서 여의도 개발이 본격적으로 시작되었다. 1968년 여의도 개발계획에 따라 여의도 주변에 둑을 축조하고 한강 일대를 개발하면서 광장 형태를 유지하였는데 이를 5.16 광장이라 불렀다. 5.16 광장은 1971년 2월 착공하여 9월에 완공되었으며, 같은 해 10월 1일 국군의 날 행사 때 처음으로 일반인에게 공개되어 대통령 취임식, 이산가족 찾기 만남의 광장 등 행사가 개최되었다. 이후 서울의 대표 광장 역할을 수행하며 여의도광장으로 명칭이 변경됐다. 1997년 여의도광장의 공원화 사업을 추진하여 1999년 1월 24일 공원으로 시민들에게 재개장하였으며 현재까지 휴게, 산책 중심의 근린공원으로 이용되고 있다.

현재 여의도는 국제금융업무 중심지 기능이 강화되고, GTX-B 신설 등 대중교통 기반 시설 구축과 아파트지구 정비사업이 신속하게 추진되고 있다. 이러한 지역 여건 변화에 따라 여의도의 중심 공간인 여의도공원에 대한 입체적 활용 방안이 요구되고 있다. 아울러, 서울 시민이 공공공간에 요구하는 역할도 변화하였다. 따라서 단순 휴게, 산책 중심의 근린공원이 아닌, 다양한 문화 활동, 이벤트 공간으로서 변화해야 한다는 요구가 높아지고 있다. 여의도공원 활성화에 대한 시민 여론조사 결과(2022년 6월)에 따르면, 현재 근린공원 수준의 이용 시설에 대한 만족도는 높으나 한계도 분명했다. 공연장 등 문화시설, 한강 연계 축제, 접근성 강화 등의 추가적인 필요를 확인할 수 있었다.

이와 관련해 서울시는 여의도공원을 도심문화공원으로 재편하고자 한다. 도심문화공원은 도시를 대표하는 문화시설을 중심으로 다양한 활동을 지원하는, 풍부한 녹지 및 오픈스페이스를 보유한 공원을 의미한다. 서울시는 서울의 새로운 랜드마크가 될 제2세종문화회관 건립을 중심으로 여의도공원을 문화공원으로 재조성해 나갈 계획이다. 여의도공원은 서울의 가치를 높이는 대표 문화명소이자, 대한민국 한류 문화를 선도하고 국제금융중심지로서 글로벌 관광객을 불러들일 수 있는 매력적이고 상징적인 장소로 제공될 것이다.

여의도공원 재구조화 구상안 조감도. 국제금융업무의 중심이 된 여의도에는 GTX-B 신설 등 기반 시설 구축과 아파트지구 정비사업이 신속하게 추진되고 있다. 서울시는 이런 변화를 반영해 여의도공원을 세계적인 도심문화공원으로 재탄생시키고자 한다.

마포대교와 맞닿아 긴 남북축을 형성하고 있는 여의도공원의 모습

광화문광장

국가상징의 출발점

상징 공간의 시작

2006년 도심재창조 종합계획의 일환으로 2009년 8월 광화문광장이 너비 34m, 길이 557m 규모로 개장되었다. 수도 서울의 중심축인 세종대로에 조성된 광화문광장은 육조거리의 역사를 되살리고 경복궁과 그 너머 북악산의 절경을 감상할 수 있는 시민의 휴식 공간이 되었다.

당시 광장 양측에 도로가 접해 활용 측면에서 개선이 필요했고, 2022년 새롭게 개장한 광화문광장은 선택을 고민해야 할 만큼 머무를 수 있는 장소가 다양해졌다. 광화문광장은 계절별 축제, 역사·문화 투어, 사회 공론의 장, 서울 마라톤 같은 다채로운 행사에 참여하기 위해 일부러 찾아갈 곳이다. 주변 상인과 회사원, 주민도 광화문광장 덕분에 새로운 일상의 기쁨이 생긴다. 점심시간 동료와 함께하는 산책과 피크닉, 분수대와 물줄기에서 즐기는 물놀이와 탁족, 시원한 바람과 나무 그늘 속에 혼자 즐기는 야외 독서 등 많은 시민이 다양한 방식으로 광화문광장을 즐기고 있다. 광화문광장은 어느새 서울의 삶 속에 깊숙이 들어와 있다.

역사와 휴식, 상징과 일상의 공존

길이 600m, 폭 60m로 다시 태어난 광화문광장은 성격상 크게 역사광장과 시민광장으로 나눌 수 있다. 경복궁과 인접한 북쪽에는 역사성과 전통을 강조한 역사광장이, 도심과 인접한 남쪽으로는 일상적 휴식이 가능한 시민광장이 조성되었다. 그리고 다시 곳곳에 다섯 개의 마당, 네 개의 정원, 일곱 개의 수공간이 놓여 있다.

역사광장은 역사도시 서울의 시간을 고스란히 간직한 경복궁과 인접해 정부서울청사 앞쪽으로 조성되었다. 이곳의 육조마당은 조선시대 육조거리에서 이름을 가져왔는데, 삼군부와 중추부가 있던 자리이기도 하다. 특히 길이 212m로 조성된 역사물길은 1392년 조선 개국에서부터 2022년 광화문광장 조성까지의 역사 이야기를 수로 바닥 면에 음각으로 새겼다. 사건들 위로 유유히 흐르는 물을 보자면 서울이 갖는 장구한 시간을 느낄 수 있다.

시간의 정원은 육조마당을 지나 소나무정원 남쪽에 위치한다. 이곳은 조선시대 감사원 역할을 하던 사헌부터와 조선시대 행정기관이었던 병조터가 발굴되어 유구 노출형으로 전시되고 있다. 매장문화재를 직접 체험하며 역사의 흔적을 마주할 수 있는 유일한 장소이다. 광화문광장 설계의 큰 개념이 바로 '딥 서피스(Deep Surface)'였는데, 이곳이야말로 현재의 표면과 역사의 깊이를 동시에 느낄 수 있는 핵심 경관이다.

광장인 듯, 공원인 듯

"역사성만 강조하는 장소가 아닌, 역사 콘텐츠를 사람들이 일상적으로 이용하며 자주 찾을 수 있는 광장을 만들자는 목표를 가졌다." 광화문광장의 설계자인 진양교 조경가(CA조경기술사사무소)의 말이다. 기존 광화문광장은 시민들과의 일상적 교감이 부족했다. 그래서 남쪽에는 공원과 같은 시민광장을 두어 시민들이 휴식을 취할 수 있는 다양한 편의시설과 수목을 배치했다. 나무 그늘 사이를 거닐고, 터널 분수를 지나 가구와 바닥에 숨어 있는 한글 요소를 찾으며 장소의 현재성을 즐길 수 있다. 시민광장에서는 한글과 이순신 동상이라는 역사성을 수공간과 결합시켜 '한글분수'와 '명량분수'로 조성해 시민들이 흥미롭게 즐기도록 했다. '한글분수'에는 천(天), 지(地), 인(人)을 상징하는 동그라미, 네모, 세모의 모양이 합쳐진 바닥 패턴이 새겨져 있고, 이 패턴을 따라서 물이 솟아오른다. 또 세종문화회관 앞의 문화쉼터에는 한글의 모음이 새겨진 석재 테이블인 '모두의 식탁'이 놓여 있는데, 인근 직장인들이 점심시간을 이용해 이곳에서 일상 속 가벼운 피크닉을 즐길 수 있다.

세종대왕
세종대로사거리

진정성을 더하는 광화문광장

그간 광화문광장은 서울시민과 외국인 관광객 모두에게 서울을 대표하는 랜드마크로 자리 잡았다. 2025년 서울시는 한국전쟁 75년을 기념하여 광화문광장 세종로공원에 6.25전쟁 참전국에 대한 감사와 존경의 마음을 담은 상징공간 '감사의 정원' 조성 계획을 발표하고 설계공모를 열었다.

당선작은 3개 사의 컨소시엄(삶것건축사사무소, 프라우드건축사사무소, 엘피스케이프) 응모작인 '감사의 빛 22'이다. 계획안은 지하 공간과 상징 조형물을 입체적으로 연결하고 광장과 조화를 이루면서, 폐쇄된 옛 주차 경사로를 적절히 활용했다. '감사의 빛 22'는 2027년 완공을 목표로 한다.

장소의 과거와 미래

서울시민들이 기억하는 이곳의 원래 모습은 광장이 아닌 차도였다. 일제강점기를 거쳐 근대에는 전차와 자동차 중심의 도로였고, 왕복 15차선의 도로는 건너기도 부담스러운 곳이었다. 그럼에도 어느 순간부터 시민들은 이곳에 모여 길거리 응원과 이벤트를 하기 시작했다. 시민들의 요구로 광장의 필요성이 대두되었고 마침내 진정한 광장의 모습으로 장소가 탈바꿈했다. 새롭게 조성된 광화문광장에는 도시와 적극적으로 소통하는 숲과 물이 있고, 또 서울의 역사를 상징하는 유구와 상징물들이 있다. 대한민국을 대표하는 국가상징거리의 시작점으로, 광화문광장의 어제와 오늘은 우리를 미래로 인도할 것이다.

다시 태어난 광화문광장은 역사광장과 시민광장으로 나눌 수 있다. 사진은 북쪽에 자리한 역사광장의 모습

역사광장 내 유구전시공간인 시간의 정원. 이곳에서 조선시대 감사원 역할을 하던 사헌부터가 발굴되어 유구 노출형 전시가 조성되었다

서울국제정원박람회

모두에 의한, 모두를 위한,
모두의 정원

『정원가의 열두 달』이라는 책에 이런 문구가 나온다. "인간은 손바닥만 한 정원이라도 가져야 한다. 우리가 무엇을 딛고 있는지 알기 위해선 작은 화단 하나는 가꾸며 살아야 한다." 정원을 가꾸는 것은 단단한 땅을 딛고 스스로를 돌보며 성장시키는 일과 같다.

'정원도시, 서울'은 공원 녹지를 늘려 기후 변화에 대응하고, 나아가 정원문화를 확산시켜 시민들이 생활 가까이에서 녹색공간을 경험하고 다채로운 여가생활을 즐길 수 있게 하려는 의도에서 출발했다. 정원문화의 대중화를 이끌기 위한 전략 중 하나가 바로 서울정원박람회 개발이다. 2022년 북서울꿈의숲과 2023년 월드컵공원 등지에서 열린 박람회는 2024년 규모를 키워 '서울국제정원박람회'로 뚝섬한강공원에서 개최됐다.

10,460m²라는 역대 최대 규모의 부지에 마련된 이번 박람회의 주제는 '서울, 그린바이브(서울에서의 정원의 삶)'이고 부제는 '컬러풀 한강'이다. 정원박람회가 한강변에서 열린 것은 이번이 처음인데, 수변공원을 정원으로 활용해 강과 정원이 어우러진 여가 공간으로 재탄생시켰다. 행사는 5월에 열렸으며, 계절에 따라 바뀌는 정원의 풍경을 담기 위해 10월까지 상설 전시를 이어갔다.

박람회장은 76개의 정원으로 꾸며졌다. 초청정원으로 2023년 서울시 조경상 대상을 수상한 팀의 '앉는 정원'을 소개했다. 작가정원에서는 국제공모를 통해 선정된 국내외 10팀의 작업을 선보였다. 정원 분야 전공 학생들이 꾸민 학생동행정원과 시민이 참여해 만든 시민동행정원이 만들어졌고, 이외에도 기업동행정원 17개와 기관참여정원 4개가 있다.

자양역(뚝섬한강공원) 2번 출구를 나오면 해치웰컴가든이 방문객을 맞이했다. 입구에서 시작해 산책로를 따라가면 학생동행정원과 시민동행정원이 펼쳐지고, 넓은 면적으로 조성된 기업참여정원은 산책로 끝 구역에서 시민들을 기다렸다. 산책로에서 수변무대로 가는 길에는 기관참여정원이 소개되었고, 작가참여정원은 공원 곳곳에 배치되었다. 여기저기 있는 작가정원을 찾아다니다 보면, 공원 전체를 두루 살필 수 있었다.

서울시는 이외에도 자치구와 협업해 자치구별로 정원 페스티벌을 열었다. 그중 우수 자치구로 선정된 성북구에는 성북길빛도서관 앞 길빛근린공원에 야외책정원을 만들었다. 서울시는 이렇게 서울 전역에 정원을 퍼트려 시민들의 삶에 정원이 녹아든, 지속가능한 녹색네트워크를 구축하고자 한다. 또한 앞으로도 정원박람회를 매해 다양한 권역에서 개최해 정원 인프라를 확장해 나가는 것을 목표로 삼고 있다.

2024년 뚝섬한강공원에서 열린 서울국제정원박람회 작가정원 중 하나인 'The Butterfly Effect Garden'

2024년 뚝섬한강공원에서 열린 서울국제정원박람회 작가정원 중 하나인 '회복의 시간-Immersive Resilience'

chapter 4

PATH

chapter 4

걷는 도시 서울, 매력적인 거리를 디자인하다

집을 나오면 자연스럽게 길을 걷는다. 가끔 목적 없이 길에서 산책하고 운동을 한다. 우연히 길 위에서 친구를 만날 수도 있다. 자동차나 버스를 타고 도로 위를 달린다. 지하철을 타고 달린다. 따릉이 자전거, 전동보드, 택시도 있다. 수단은 달라지지만 결국 우리 모두 길 위의 존재다. 그래서 길은 내 것도 네 것도 아니지만 우리의 집만큼이나 중요하다.

Story

움직임의 시스템과 환경을 디자인하다

디자인은 직관이다. 느낌이다. 다른 나라를 방문할 때면 누구나 공항이라는 관문을 거친다. 긴 복도를 지나 어디론가 가야 하고, 또 길을 잘못 찾으면 낭패를 보기 십상이다. 군중 사이 낯선 언어와 환경 속에서 내가 가야 할 길을 찾기란 쉽지 않다. 그런 때 좋은 공공디자인이 훌륭한 길잡이가 된다. 편안하고 안전한 환경 속에서 직관적으로 정보를 제공하고, 또 내가 대중교통을 이용해 가야 할 목적지까지 정확하게 안내한다. 공항을 나오고 나서도 길 위에서 마주하는 글자 정보와 픽토그램, 폰트와 색까지. 길 위에서 우리는 그 도시의 첫인상과 친절함, 환대를 느낀다.

서울시는 2006년 '디자인서울'을 발표했다. '디자인이 도시를 바꾼다'는 기치였다. 디자인을 도시 정책 전면에 내세웠다. 국내에선 유례없던 일이다. 디자인분야 민간전문가인 권영걸 당시 서울대학교 미술대학장을 부시장급의 파격적 인사로 행정에 끌어들여 시장 직속 기획단인 디자인총괄본부를 출범시켰다. 서울이란 도시의 브랜드가치를 높이고 성장 동력으로 삼아 경제를 부흥시키는 힘으로 디자인을 앞세운 것이다. 이때 비전은 '하드시티에서 소프트시티로'였다.

디자인서울은 도시의 디자인 기초를 만드는 작업과 실질적인 실행사업의 두 가지 차원에서 추진됐다. 길 위에 드러나는 서울의 상징 색채나 서체처럼 모든 디자인에 활용할 기본 요소를 개발하고 기본경관계획, 시가지경관계획, 디자인서울가이드라인, 공공디자인 표준디자인 개발로 기틀을 닦았다. 그러면서 도시환경을 디자인의 관점에서 개선할 방법을 고민했다. 또한 산업화를 위해 빠르게 건설된 보행로, 차로, 지하철, 고속도로 등 도시 하부 구조들을 디자인 관점에서 재조명했다.

"디자인은 도시를 짧은 시간에도 변화시키는 힘이 있습니다. 시간의 흐름이 입혀졌을 때, 그것까지 예측한 디자인이 좋은 디자인이고요. 디자인의 강력한 힘을 인식하고, 지속가능한 도시의 모습을 바라보며 공공 디자인 정책이 이뤄져야 합니다."

디자인서울을 통해 개선된 남대문로의 모습. 디자인서울은 길 위에 드러나는 서울의 상징 색채나 서체처럼 모든 디자인에 활용할 기본 요소를 개발했다.

가로판매대 표준디자인 이미지. 서울시는 2025년 보도상업시설물 표준디자인을 새롭게 개발했다.

"공공공간을 개발할 때 도시 환경적 특성과 지역 문화적 요소를 반영해서 이용자의 공감대를 이끌어내고 공중의 삶의 질을 높여 시민사회의 공감대를 확산해가야 합니다. 국가적 차원에서는 공공디자인이 사회적 창의력의 원천이며 국가브랜드의 출발점입니다."

보행로에 찾아온 '르네상스'

집을 나오면 자연스럽게 길을 걷는다. 가끔 목적 없이 길에서 산책하고 운동을 한다. 우연히 길 위에서 친구를 만날 수도 있다. 자동차나 버스를 타고 도로 위를 달린다. 지하철을 타고 달린다. 따릉이 자전거, 전동보드, 택시도 있다. 수단은 달라지지만 결국 우리 모두 길 위의 존재다. 그래서 길은 내 것도 네 것도 아니지만 우리의 집만큼이나 중요하다.

이런 거리에는 항상 뭔가 많다. 차로와 보행로를 구분하는 도로 경계석부터 점자블록, 볼라드, 신호등, 표지판, 쓰레기통, 이정표, 지하철 출입구, 버스정류장, 화단, 가로등, 가판대, 분전함까지 이 많은 요소가 잠시 지나치는 거리에 있다. 이 시설들은 일상의 모든 행위에 영향을 주는데도 평소에는 인지 못 하다, 튀어나온 돌부리에 걸려 넘어지면 거기에 돌이 있던 것을 알아채듯이 하나의 존재감으로 인식된다. 거리의 시설물은 각각 그들만의 기능을 가지면서 동시에 도시의 경관으로 통합되어 우리에게 인식된다. 한 도시에 대한 인상은 길에서 시작되고, 길에서 끝난다.

길 위의 여러 시설물과 요소는 불협화음을 일으키기 쉽다. 저마다 만든 사람도, 기능도 다 달라서다. 게다가 가로시설물의 난립은 도시경관의 통일성을 저해할 뿐만 아니라 보행자들의 실제적인 통행에 불편함을 줬다. 서울시는 2007년 '디자인서울 가이드라인'에 의거해 '디자인서울거리'사업을 시행했다. 이 사업은 거리의 모든 구성 요소를 통합 디자인의 개념 하에 비울 것을 과감히 비우고 통합하는 거리 환경 개선 프로젝트였다. 불법적인 간판들을 정비하고 노점상, 정류장, 안내판 같은 시설물을 재배치했다. 이런 과정에서 해당 거리의 점포주와 공무원, 전문가 등을 포함한 사업추진위원회를 구성해 사업의 전 과정에 전문가와 주민이 참여할 수 있도록 했다.

디자인서울거리를 통해 2009년 1차로 중구 남대문로를 포함한 10개의 거리 환경을 개선했다. 2010년에는 20개의 거리를 추가해 총 30개의 거리를 정비했다. 1차 조성 대상지였던 종로구 관철동의 젊음의 거리는 과거에 노점이 빽빽하게 들어차 있고 유동인구가 많아 걷기 불편했다. 디자인서울거리 조성사업으로 노점을 대로변의 이면도로로 재배치하고 바닥에는 걷기 편한 화강석을 깔았는데, 거리의 노점상들과 방문자들 모두가 환호했다. 완공 이후, 주변 상인들은 그동안 단속을 피해 장사를 하느라 가슴 조이며 일했는데, 제대로 된 자리가 마련되어 안심하고 일할 수 있게 됐다고 한다.

중구의 남대문로는 조선시대 도성의 현관격인 숭례문에서 대광통교에 이르는 한양의 중심 가로축이었다. 오늘날 명동과 롯데백화점을 비롯해 중소형 패션숍들이 밀집돼 늘 방문객으로 붐빈다. 또

금천 고가하부공간은 편안한 분위기에서 휴식을 취할 수 있는
도서관으로 새롭게 변모했다.

한남 고가하부공간이 시민들의 쉼터로
탈바꿈됐다.

한 한국은행에서 을지로입구까지의 550m 구간을 디자인서울거리 사업으로 개선했다. 가로등, 가로수, 휴지통, 맨홀, 간판 같은 시설물을 통합적으로 디자인하여, 안전하고 편안한 보행환경을 갖춘 것은 물론 도시 경관과 공공디자인 측면에서도 아름답게 정비했다. 가로의 폭과 바닥재료를 바꾼 것은 물론이고, 횡단보도 설치, 버스정류장 이전 등을 통해 인근 교통체계까지 개선했다.

교통 인프라에 대한 공간적 모색

서울의 빠른 경제 성장을 상징하는 요소 중 하나가 1960-70년대에 건설된 고가도로다. 그 시기에 경제성장과 더불어 물동량이 증가하고 도로를 주행하는 차량도 늘었다. 서울시의 고가도로는 간선도로 교차로에서 빈번하게 발생하는 교통정체를 해결하기 위해 건설되었다. 21세기에 이르러서는 보행 친화와 친환경 도시의 모습을 바라는 시대적 변화로 인해 고가도로의 처지가 달라졌다. 관리되지 못해 도시 미관을 훼손하고 우범화된 고가하부 공간에 대한 우려가 커졌다. 게다가 도시를 가로지르는 거대한 구조물로 단절되는 상권과 생활권도 문제였다.

2009년 당시 서울시내에 남아 있는 고가도로는 89개. 서울시 도시 디자인 측면에서 고가도로는 도시 경관을 저해하고 지역발전에 보탬이 되지 않는 시설이었다. 지형단차극복, 철도횡단, 간선도로 연결의 기능을 원활하게 수행하는 것은 두고, 오로지 교차로 기능만 수행하는 고가도로를 대상으로 2011년까지 14개의 고가도로를 철거했다. 서울도시연구의 2013년 연구에 따르면 한 개의 고가도로 철거로 서울시의 도시경관 가치는 한 해에 적게는 63억 원에서부터 많게는 133억 원 증가하는 것으로 분석했다.

한편, 고가철도의 하부공간은 주거지역의 중심부나 전철역 인근 등 지역의 거점공간이 될 수 있는 잠재력이 있어 가용지가 부족한 서울시에 공공용지의 대안으로 등장했다. 서울시는 2016년부터 ‘고가하부공간 활용 사업’을 추진했다. 고가하부 공간을 도심 내 유휴공간으로 주목하고, 이를 공공사업의 대상지로 선정해 도시의 단절을 해소하고 지역 커뮤니티의 거점 공간으로 활용하고자 했다. 서울시 215개의 고가하부 대상지를 검토하고 최종적으로 옥수, 이문, 종암사거리, 한남, 금천, 노원 등 6개 고가하부에 공공공간을 조성했다. 특히 이 사업은 설계 공모 진행 과정에 운영주체와 지역주민을 적극적으로 참여시켰다. 지역과 주민이 원하는 프로그램을 배치하면서 방치되었던 장소의 활성화를 도모하였다.

서울 지하철은 하루에 약 590만 명이 이용한다. 2023년 기준 서울시 인구는 약 941만 명이고, 수도권으로 확장하면 인구는 대한민국의 절반인 약 2,619만 명이다. 그럼 서울시민 절반 이상이, 수도

> “2023년 서울시는 지하철역사 혁신 프로젝트, 펀스테이션을 발표했습니다. 서울시 내에는 약 340여 개의 역사가 있는데, 많은 유휴공간 중 특징있는 곳들에 지역사회가 필요로 하는 기능을 넣었습니다. 차별화된 콘텐츠를 도입하고 공공성, 수익성, 지속가능성을 동시에 확보하려는 노력이었습니다.”

영등포시장역의 카페 및 갤러리 'LOUNGE 사이'와 계단미술관

여의나루역의 '러너스테이션'

권 인구 1/4이 지하철을 이용하는 셈이다. 엄청난 이용에 반해 역사의 지하상가는 공실률이 지속적으로 증가하고 재정 적자가 꾸준히 발생하고 있다. 그간 테마역사나 문화예술철도 조성 등 다양한 시도를 했지만, 효과가 그리 크지 않았다. 지하철역사는 통행량이 많고 노출도는 높지만 이용할 이유가 없었기 때문이다. 열차에 내려 카드를 찍고 출구까지 나가는 길은 오로지 통로로만 기능했고, 경험과 콘텐츠가 부재한 공간이었다.

그럼 사람들이 정말 원하는 게 뭘까? 흥미롭다면, 원하는 거라면, 내가 필요해서라면 기꺼이 찾아올 텐데. 서울시는 거기에 집중했다. 맥락과 요구를 찾는 게 먼저였다.

2023년 서울시는 지하철역사 혁신 프로젝트, 펀 스테이션을 발표했다. 서울시내에는 약 340여 개의 역사가 있는데, 많은 유휴공간 중 뚜렷한 정체성이 있는 곳들에 사회문화적 상황과 접목시키는 프로젝트였다. 역마다 차별화된 콘텐츠를 도입하고 공공성, 수익성, 지속가능성을 동시에 확보하기 위해 민간 기업과 협력을 추진했다.

시범사업으로 조성한 여의나루역은 한강에서 인접한 공간 중 가장 유동인구가 많은 곳이다. 한강으로 나들이하는 사람들이 대부분 이용하는 경로였다. 이런 환경 조건과 더불어 요즘 중장년층을 비롯해 젊은 세대까지 확산된 러닝 문화를 접목시켜 '러너스테이션'으로 변화시켰다. 여의나루역 내 2개 층의 공간을 활용해 탈의실과 물품보관함, 체험 및 교육 시설을 만들었다. 달리기를 할 때 운동복으로 옷을 갈아입고, 소지품을 보관할 공간이 마땅치 않다는 러너들의 의견을 반영했다. 이런 공간을 그동안 기다려왔다는 듯이 개관 후 3개월 동안 2만 5천 명이 이용했다.

그리고 이곳을 일상적으로 지하철역을 이용하는 시민들에게도 의미 있는 공간이 되도록 기획했다. 지하 1층 '러너스 베이스캠프'에는 인바디 측정기, 무동력 트레드밀 등의 시설을 갖췄다. 여의도 인근의 온도, 습도, 미세먼지 농도 같은 정보를 제공하는 보드도 마련했다. 러닝 전문가 및 공간디자인 전문가와 기획부터 시공까지 협업해 마련한 러너스테이션은 시민들이 꾸준히 찾는 장소가 되었다.

서울시 주도로 출발한 이 프로젝트는 유휴공간을 시민들의 행사 공간으로도 개방해 민간이 참여할 수 있게 유도하고 있다. 2023년 5월에는 서울교통공사가 '블리자드', '제일기획'과 함께 영등포시장역에 게임문화체험공간 '헬스테이션(Hellstation)'을 한 달간 운영했다. 거친 콘크리트의 느낌의 지하철 유휴공간 2개 층을 무대로 게임회사 블리자드의 대표작인 '디아블로4' 체험이 펼쳐졌다. 디아블로 게임을 몰라도, 지하철역과 관련한 괴담 마니아, 추리게임 마니아들에게 큰 호응을 얻었다. 공간의 분위기와 알맞은 기획이 만

"공공디자인을 통해 범죄 발생을 감소시키고 체감안전도를 향상하고자 하는 범죄예방 환경설계인 셉테드(CPTED, Crime Prevention Through Environmental Design)는 지역 주민들이 범죄 예방의 필요성에 공감하고 지역 사회의 환경 개선에 적극적으로 참여할 것을 유도합니다."

서울시는 범죄예방 환경설계인 셉테드(CPTED, Crime Prevention Through Environmental Design)의 개념을 담아 2012년부터 '생활안심디자인' 정책을 펼치고 있다. 다음 사진은 생활안심디자인 사업 조성 후 모습

동작구 노량진1동

노원구 상계3, 4동

강북구 삼양동

성북구 동선동

나 성공한 사례다.

안전을 넘어 안심을 위한 거리 디자인

디자인은 삶이다. 넛지다. 내면의 스위치를 탁 하고 환하게 켜 동심원처럼 퍼져가는 변화를 만든다.

공공디자인을 통해 범죄 발생을 감소시키고 체감안전도를 향상하고자 하는 범죄예방 환경설계인 셉테드(CPTED, Crime Prevention Through Environmental Design)는 지역 주민들이 범죄 예방의 필요성에 공감하고 지역 사회의 환경 개선에 적극적으로 참여할 것을 유도한다. 서울시는 CPTED의 개념을 담아 2012년부터 '생활안심디자인' 정책을 펼치고 있다. 매년 사업 성과를 기록해 2020년에는 '생활안심디자인 가이드라인'을 발간했고, 온라인에서도 열람이 가능하다. 더불어 어린이 돌봄, 치매 어르신 돌봄, 청소년 문제해결, 스트레스 해소 등의 영역을 포함해 '사회문제해결디자인'으로 통합 관리하고 있다.

서울시는 2018년 사회문제해결디자인을 조례로 제정했다. 디자인을 통해 사회문제를 사전에 예방하고, 다양한 사회문제에 체계적으로 대응할 수 있도록 제도적으로 뒷받침하는 법적 근거를 마련한 것이다. 조례에 따르면, 사회적 변화를 반영하고 정책을 종합적으로 추진하기 위해 3년마다 기본계획을 수립해야 한다.

CPTED에 해당하는 생활 안심 디자인 사업은 2012년 마포구 염리동 재개발 예정 지역에 첫 시범사업을 시행한 것을 시작으로 2022년까지 총 73건의 프로젝트를 진행했다. 1인 가구 밀집지역, 다세대 다가구 밀집지역, 부정형 골목과 비탈진 골목 지역, 고시원 밀집지역 등 생활 안전에 취약한 지역에 적용해 범죄에 대한 불안감과 주거 취약성을 해소하는 도시 환경 조성을 목적으로 한다. 2021년에는 강남구 논현1동, 광진구 자양2동, 중랑구 면목동 세 지역을 대상으로 사업을 진행했다. 1인 가구가 많이 사는 다세대 건물의 경우 담장이나 필로티 구조의 출입구에 범죄 사각지대가 많다. 또 여성 1인 가구를 대상으로 침입 범죄 등이 잦다. 24시간 꺼지지 않는 태양광 조명을 우편함이나 담장 등 기존 시설에 매입하고 옹벽 단차나 이격 공간에 범죄자가 은신하지 못하도록 하는 시설물을 설치했다. 또 이곳에 경찰이 상시로 순찰하고 있음을 알려 거주자의 불안감을 완화했다. 시민들의 민원과 공모를 통해 생활안심디자인 적용 지역을 선정하고 확장하고 있다.

MAP

PATH

36
디자인서울거리

37
펀디자인 / 지하철역사
혁신프로젝트

38
펀디자인 / 고가하부공간 &
시민생활공간(도깨비마당)

39
교통 /경전철
(우이신설선, 신림선)

40
교통 / 중앙버스전용차로

41
공공미술 /서울라이트
(광화문, DDP)

42
공공미술 / 서울은 미술관
(자하담, 녹사평)

43
유니버설디자인

44
범죄예방디자인
(CPTED)

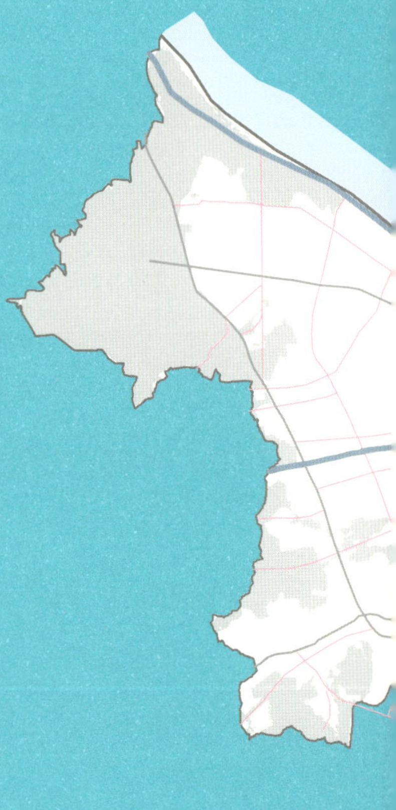

2012년 서울시 기능별 도로 현황
도시고속도로
주간선도로
보조간선도로
39 경전철(우이신설선)
38 도깨비마당
38 노원고가하부
종암 박스파크
38
자하담 42
38 Roof Square
광화문
41
DDP
서울시청역
37
41 37 신당역
36
38 다락옥수
녹사평 42
38
한남드락
37 자양역
37
여의나루역
38 금천 고가하부
39 경전철(신림선)

디자인서울거리

보행 환경에 대한 총체적 개선

거리가 요란하다. 소리만 요란한 게 아니다. 이미지도, 사인도 말을 한다. 들쑥날쑥한 색과 크기, 조화롭기보단 어떻게든 혼자서라도 크게 외치려는 몸짓. 하지만 이걸 꼭 봐야만 한다고 힘을 줄수록 아름다움에서 멀어지고, 시각은 피로해진다.

2000년 10월, 예술의전당 디자인미술관에서 〈간판을 보다〉 기획전이 열렸다. 간판 전문가인 참여작가 다섯 명은 '서울의 간판 대부분이 주변 환경을 무시한 채 튀는 데만 급급할 뿐. 도시 전체가 이 같은 간판들에 의해 완전히 점령당했다'고 말했다. 이전부터 도시의 어지러운 간판이 공해마저 일으킨다는 인식은 사회적으로 공감대가 있어 왔다.

서울시는 2007년 9월 '간판이 아름다운 거리' 사업을 추진했다. 간판이 아름다운 거리를 만든다는 철학으로, 건물을 뒤덮은 간판을 정리하기 시작했다. 정보 전달에 충실하면서 도시미관을 해치지 않도록 '간판디자인 가이드라인'을 제작해 배포했다. 2007년 종로 대학로, 중구 남대문로, 구로 창조길 등 10개 지역의 1,583개소 점포 간판 개선을 시작으로 2011년까지 총 74개 지역 10,992개소의 간판을 바꿨다.

사실 '간판이 아름다운 거리'는 '디자인서울거리' 사업의 일환이었다. 디자인서울거리는 '거리르네상스'로도 알려져 있다. 이 사업은 보행환경의 총체적 경험을 개선하는 일이었다. 보도블록, 지주, 가판대, 버스정류장, 벤치, 휴지통 등에 디자인 가이드라인을 적용해 쾌적하고 여유 있는 거리를 만들고자 했다.

서울시는 디자인서울 가이드라인을 세밀하게 설계했다. 거리 환경을 공공공간, 공공시설물, 공공시각매체로 분류했다. 공공공간 부문에서는 거리의 밑바탕을 정비하기 위해 유효보도폭 확보, 차로와 인도의 구분, 자전거도로 확충, 보행 연속구간에 턱과 돌출 시설물 제한, 유도블럭 인지성 확대 등을 추진했다. 공공시설물 부문에서는 가로화분대, 벤치, 자전거거치대, 볼라드같이 거리를 구성하는 시설물에 조화로운 질서를 부여했다.

이 사업을 통해 특히 남대문로는 2009년 획기적으로 변했다. 을지로입구역부터 신세계백화점까지 약 550m의 거리는 당시 하루 유동인구가 100만~200만 명에 이르는 곳이지만 횡단보도가 없고, 거리시설물이 매우 혼란스러웠다. 서울시는 한곳에 집중되어 있던 31개의 버스노선 중 18개 노선을 이전 설치해 혼잡도를 낮췄다. 명동 입구에 있던 냉각탑, 한전분전함, 가로정비초소 등을 철거하고 진입광장으로 기능을 강화했다. 한국은행 소공동 별관 옆 주차장에는 남대문로를 상징하는 모뉴먼트 월을 세우고, 거리 쉼터와 차폐 역할을 하도록 가로수를 식재했다. 디자인서울거리는 이렇듯 장소성을 살리고 보행편의성은 높여 거리의 쾌적함에 크게 기여했다.

영등포구 영등포로의 '서울 좋은 간판 사업' 전과 후의 모습

익선동 한옥보전지구의 골목길

명동 남대문로의 간판이 아름다운 거리 사업 후 식재한 차폐 조경

지하철역사 혁신프로젝트

러닝도, 파티도 이제는 지하철에서

지하철은 만남과 소통의 기준점이 되곤 한다. 역 근처로 위치를 설명하고, 지하철역 출구에서 사람을 만나기도 한다. 그러나 지하철 문이 열리고 플랫폼에 내려 개찰구를 찾아 나가기 바쁘지, 실제 그 안에서 체류의 경험은 일어나지 않는다. 지하철역사 혁신프로젝트는 '플랫폼에 내려'와 '출구로 나간다' 사이에 숨어 있는 공간의 가능성을 발굴하는 일이었다.

서울시는 2016년 '유휴철도부지 관리방안', 2018년에는 '시민 누리공간 활성화 사업 공모'를 통해 시민 의견을 청취했다. 이런 과정을 통해 지하철역 테마역사나 문화예술철도 등을 조성해 좋은 반응을 얻기도 했지만, 대체로 획일적이고 유용하지 않다는 의견이 많았다.

2023년 1월부터 서울시는 지하철역사 혁신 프로젝트를 준비했다. 그간 다양한 시도에서 얻은 경험을 바탕으로 추진전략을 세웠다. 역사별로 차별화된 콘텐츠를 도입하고, 민간기업과 협력을 통해 창의적이고 지속 가능한 모델을 구축했다. 그해 9월에는 '서울광장 아래 숨은 공간 시민탐험대' 운영을 통해 시청역 지하 유휴공간을 최초로 공개했다. 당시 공간을 체험해 보기 위한 사전신청 예약시스템이 오픈 4분 만에 마감됐다. 또, 지상파 포함 52개 이상의 매체가 현장 설명회에 참여하는 등 시민들과 언론의 높은 관심을 받았고, 본 공간을 임대 활용하고자 하는 민간업체의 문의가 쇄도했다. 시민들의 반응을 토대로 시는 해당 공간에 환기·소방·피난설비를 갖추고 사용할 수 있는 공간으로 전환하는 중이다. 같은 해 10월에는 반스와 함께 신당역에 '반스 스테이션 신당' 행사를 열기도 했다. 반스가 코로나로 인해 중단되었던 연례행사를 열 장소를 찾던 와중에 신당역 유휴공간이 해답이 되었던 것이다. 이런 시도들은 시민, 기업과 함께 지하철역사 유휴공간의 가능성을 발견하는 과정이었다.

2024년 5월 마침내 '펀 스테이션' 시범사업 2개소가 개장됐다. 여의나루역(5호선)에 러너들을 위한 '러너 스테이션'의 조성을 시작으로, 같은 시기 자양역(7호선)에 뚝섬한강공원을 찾는 시민들의 휴식공간인 '휴식역'을 조성했다. 이어서 12월에는 뚝섬역(2호선)에 피트니스 공간을 접목한 '핏 스테이션'을 조성해 운영 중이다.

여의나루역에 만들어진 '러너스테이션'은 러너들의 성지로 불린다. 운동화만 있으면 러닝을 즐길 수 있게 파우더룸, 탈의실, 물품보관함 등을 설치했다. 러너 스테이션은 개장 3개월 만에 이용자 2만 5,000명을 달성했으며 지금까지 꾸준하게 이용되고 있다.

휴식역 자양은 제일기획과 협업하여 기획을 진행하고, 커피 브랜드 카누와 함께 공간을 조성해 무료 커피 시음 공간과 포토존 등을 마련했다. 이곳은 인근 뚝섬한강공원에서 열리는 서울국제정원박람회 행사 기간과 연계해, 2024년 5월 16일부터 약 한 달간 운영됐다. 뚝섬역 '핏 스테이션'은 공공주도로 운영되는 러너 스테이션(여의나루역)과는 달리 민간이 직접 임대해 운영하는 첫 번째 사례다. 선정된 민간사업자는 '건강한 삶'을 추구하는 시민들의 관심과 수요를 반영해 앞으로 5년간 이 공간을 새로운 형태의 운동 커뮤니티 공간으로 운영한다. 서울시는 서울교통공사 및 다양한 주체들과의 긴밀한 협업을 통해 지속적으로 펀 스테이션을 확대 추진해 나갈 계획이다.

신당역 10번 출구 방면에 설치한 '반스 스테이션 신당'의 LED 스크린

여의나루역 '러너스테이션'의 개찰구

고가하부공간 & 시민생활공간(도깨비마당)

고가도로 밑 유휴공간의 환골탈태

서울시는 다양한 도시적 맥락에서 유휴공간을 찾아내 활용하는 사업을 추진하고 있다. 고가도로 하부공간 활용이 대표적 사례다. 고가도로는 도시 발달에 기여했지만, 시간이 흘러 낡고 지역 소외와 단절을 초래했다. 유휴공간 발굴 및 활용 차원에서 공간을 모색하던 중 서울시는 지역 커뮤니티 시설로서 고가하부공간의 가능성을 발견했다. 2017년 타당성 조사 및 종합계획을 수립하고 2021년 6개소(옥수, 이문, 한남, 종암사거리, 금천, 노원) 사업을 완료했다.

고가하부공간은 공간유형에 따라 내부, 외부, 혼합형으로 나눌 수 있다. 내부형에는 옥수, 종암사거리, 금천고가 3곳이 있다. 옥수 고가하부인 '다락옥수'에는 거대한 나무기둥이 미러판으로 만들어져 길바닥을 비추는 평평한 지붕을 받치고 있다. 그 밑에 풀이 심어진 계단식 스탠드가 놓였는데, 스탠드 하부에는 별도의 내부 공간이 있다. 기존에 간헐적으로 열리던 벼룩시장이나 공연이 지붕 아래서 열리는데, 미러판에 비치는 사람들의 모습으로 공간 경험은 더욱 풍성해진다. '종암 박스파크'는 생활체육 중심의 실내체육관으로, 금천고가하부는 스마트 도서관 중심의 커뮤니티 시설로 운영되고 있다.

외부형에는 이문, 한남, 노원이 있다. 이문의 'Roof Square'는 고가하부에 '중간레벨'인 바닥판을 추가했는데, 상부는 고가를 지붕 삼고 하부는 중간레벨을 지붕 삼아 2개 층으로 나뉜 야외 공공공간을 형성했다. 상부는 주변 음식점의 야외테라스로, 하부는 운동공간으로 자주 사용되면서 지역 주민이 공유하는 마당이 되었다. 한남은 소규모 실내공간에 카페와 실외공간을 혼합해 조성했다. 공연예술극장인 블루스퀘어와 가깝고 버스 정류장이 있는 이곳은 한시적으로 몰리는 인파를 수용하며, 이들이 휴식하고 기다릴 수 있는 공간을 선사한다.

서울시는 이외에도 보행자에게 개방된 공개공지나 공공건물의 휴게공간이 취지에 맞게 잘 쓰이고 있는지 살펴봤다. 2022년 서울쉴틈찾기 공모도 진행했다. 유동인구가 많은 곳에서 활용 가능한 공간을 찾아 아이디어를 제안하는 사업이었다. 전문가부문 최우수상인 '도깨비마당'은 골목 전통 시장인 도깨비시장의 공영주차장을 활성화한 프로젝트다. 이곳은 낡은 채 방치돼 있었는데, 산발적으로 증축된 컨테이너를 철거하고 주차장 출입구부터 2층까지 공간에 격자형 체계를 적용해 디자인했다. 1층에는 벤치와 플랜터를 제작해 시장에 온 사람들이 잠시 쉬어갈 수 있는 공간을 만들었다. 주차장 램프 지붕 경사에는 계단형 쉼터를 만들어, 단절돼 있던 건물 배면의 공원과도 연결했다. 도깨비마당은 2024년 대한민국 공간문화대상 최우수상, 2024년 홍콩 디자인포아시아(DFA) 은상을 수상했다.

이문 고가하부공간

구의역 고가철로 하부

금천 고가하부공간

도깨비시장의 공영주차장을 활성화한 프로젝트인 '도깨비마당'

경전철(우이신설선, 신림선)

더 가볍고 촘촘하게 서울 잇기

전국적으로, 나아가 전 세계적으로 봐도 서울만큼 대중교통이 편리한 도시는 드물다고들 한다. 하지만 실제로 서울에 사는 시민들에게 만족도를 물어본다면, 과연 어떤 대답이 돌아올까? 아마도 "여전히 부족하다"는 반응이 많을 것이다. 기존 지하철 노선이 서울 중심부에 집중되어 있어, 일부 외곽 지역에서는 여전히 교통이 불편하기 때문이다. 특히 지하철 노선이 부족한 강북구와 성북구 일부 지역 주민들은 오랫동안 지하철 개통을 요구해 왔지만, 막대한 예산과 긴 공사 기간이 필요한 만큼 쉽게 추진되기 어려웠다.

이러한 문제를 해결하기 위한 대안으로 떠오른 것이 바로 경전철(Light Rail Transit, LRT)이다. 기존 지하철보다 상대적으로 적은 비용과 짧은 기간을 투입하여 도입할 수 있기 때문이다. 그리고 약 8년간의 공사 끝에 우이신설선(2017년)이 서울의 첫 경전철 노선으로 개통되었고, 이어서 신림선(2022년)도 운행을 시작했다.

경전철이 도입된 후 시민들이 실제 체감하는 변화는 어떨까? 신림선을 예로 들자면, 버스로 약 35분 이상 걸리던 동일 구간이 단 16분으로 단축되었고, 짧은 노선임에도 1·2·7·9호선과 연결되면서 환승이 훨씬 편리해졌다. 또한 승용차 이용을 줄여 교통 체증 완화에도 긍정적인 영향을 미치고 있다. 경전철 노선 하나로 누군가의 일상은 아주 획기적으로 변했을 것이다.

경전철의 장점은 단순히 대중교통 접근성을 높이는 것에 그치지 않는다. 경전철은 탄소 배출이 적은 대표적인 친환경 교통수단으로 손꼽힌다. 특히 우이신설선과 신림선에 도입된 자동운전 시스템은 운영비 절감은 물론 에너지 효율까지 높였다는 평가를 받고 있다. 또한 탈선 위험이 없는 고무차륜 전동차를 도입하고, 교통 약자를 위한 '1역 1동선'을 확보하는 등 곳곳에 세심한 배려를 더했다. 서울시 경전철은 비록 그 크기는 작지만, 결코 가볍지 않은 변화를 일으키며 서울 곳곳을 더욱 촘촘하게 연결 중이다.

2022년 신림선 개통 당시 열차 모습

2017년 우이신설선 개통 당시 열차 모습

우이신설선과 신림선은 자동운전 시스템을 도입하여 기관사 없이 열차가 운행된다.

중앙버스전용차로

'시민의 발' 버스에 날개를 달다

출근길, 꽉 막힌 도로 위에서 지각하지 않을까 조마조마했던 경험, 한 번쯤은 있을 것이다. 교통 체증이 심할수록 도착 시간이 일정한 지하철을 찾게 되고, 그럴수록 도로와 지하철의 혼잡도는 더욱 심해지는 악순환이 반복된다. 이런 문제를 해결하기 위해 서울시는 지난 2004년, 대대적인 대중교통 개편과 함께 '중앙버스전용차로'를 본격 도입했다. 버스가 정체에 갇히지 않고 더 빠르고 효율적으로 달릴 수 있도록 날개를 달아 준 셈이다.

2023년 기준, 서울시에서 운영 중인 버스전용차로는 총 54개 구간, 204.8km에 이른다. 이중 가로변전용차로는 39개 구간, 70.4km, 중앙버스전용차로는 15개 구간, 134.4km를 차지한다. 서울 시내 차로 전체를 염두에 둔다면 극히 일부일 뿐이지만, 중앙버스전용차로 도입이 가져온 효과는 상당하다. 중앙버스전용차로 도입 10년을 맞아 진행된 연구에 따르면, 우선 버스노선의 평균통행 속도가 눈에 띄게 향상되었다. 2004년 15.0km/h에서 2014년 19.0km/h로 26.7%가 향상된 것이다. 또한 1일 버스 이용객은 478만인/일에서 579만인/일로 21.1% 향상되었고, 전체 교통수단 중 버스가 차지하는 이용 비율(버스 수단분담율)은 기존 26.0%에서 28.1%로 향상되었다. 자연스럽게 시내버스 서비스만족도도 33.8%나 증가하였다.

중앙버스전용차로는 대중교통 이용의 편의를 높이는 것은 물론, 환경 개선에도 큰 역할을 하고 있다. 차량 정체가 줄어들면서 일산화탄소·질소산화물 등 배기가스 배출이 감소하고, 승용차 이용이 줄어 탄소 배출 절감 효과를 가져온다. 시내버스가 정체 없이 달릴 수 있도록 날개를 달아 준 중앙버스전용차로 제도는, 대중교통 이용률을 높여 대기질을 개선하려는 시정의 목표에도 또 한 번 날개를 달아 주고 있다.

50
50 50|50

서울라이트(광화문, DDP)

빛으로 그리는 서울의 예술 풍경

서울라이트 축제는 2019년 DDP에서 처음 열렸다. 당시 서울시는 DDP를 통해 일대의 활기를 되살릴 방법을 찾고 있었다. 동대문은 과거에 비해 상권이 많이 하락했지만, 그래도 밤에는 차량 통행량이 많았다. 유려한 곡선이 돋보이는 복합문화 공간을 배경으로 야간에도 축제가 열린다면? 차량으로 움직이는 사람들도 축제를 감상할 수 있고, 또 3D 프로젝션 매핑 기술을 진흥하는 데도 긍정적인 역할을 할 것이라 생각했다. 겨울 빛 축제 서울라이트는 건물 입면을 스크린 삼아 빛, 영상, 음악이 결합된 쇼로, 보름 동안 펼쳐졌다. 100만 관람객이 다녀간 서울라이트는 흥행의 여세를 몰아 광화문, 여의도 한강공원, 반포한강공원 등지로 확대되었다.

2022년에는 DDP의 전면 외벽 222m로 무대의 배경을 확장했다. 개최 시기도 가을과 겨울 두 차례로 늘렸다. 가을에는 약 열흘간 주제전이 개최되며 겨울에는 크리스마스나 새해 카운트다운에 맞춰 이벤트 성격으로 열렸다. 2024년 가을에는 한국을 대표하는 김환기 화백의 작품을 현대화한 8분가량의 미디어아트가 DDP 표면 가득 재생됐다.

2022년부터 광화문에서도 매해 행사가 열리고 있다. '2022 서울라이트 광화'는 광화문광장과 인근 건물 3곳(세종문화회관, KT빌딩, 역사박물관)을 무대로 했다. 12월 중 약 열흘간 등불축제인 '서울빛초롱'과 '광화문광장 마켓'이 함께 열려, 행사 닷새 만에 130만 명이 다녀갔다. 2023년에는 12월 15일부터 38일간 진행되어, 겨울철 연례행사로 자리매김하고 있다.

해를 거듭하며 열리는 축제를 따라 국내 작가들의 기술도 진화하고 있다. 초기에는 곡선 건물에 프로젝션 매핑을 하는 기술이 부족해 해외 작가가 메인으로 참여했지만, 지금은 국내 작가의 기술력으로도 충분히 미디어아트를 선보일 수 있게 됐다. 그래서 이제는 국내외 가릴 것 없이 유수의 예술가들이 참여한다. 개최되는 장소 또한 역사와 현대를 어우르며 서울의 매력을 보여준다. 광화문을 배경으로 전통 건축물에 입혀지는 미디어아트는 과거와 현재의 시간성을 뛰어넘으며 예술과 기술의 만남을 보여준다. DDP는 대표적인 현대 건축술의 발달을 보여주는 건물로, 우주선을 연상시키는 형태다. 여기에 프로젝션 매핑 기술과 사운드 아트로 미래지향적 이미지를 표현하고 있다. 서울라이트는 서울의 거리에 생동감과 활기를 불어 넣고 있다.

2024년 가을, 서울라이트 DDP에서 김환기 화백의 작품을 재해석한 '시(時)의 시(詩)' 미디어 아트를 선보였다.

서울라이트 광화문은 2023년 12월부터 이듬해 1월까지 행사에서는 처음으로 경복궁 담장과 광화문에 미디어아트쇼를 장식했다.

서울은 미술관(자하담, 녹사평)

모든 곳이 미술관이다

도시 전체가 미술관이 된다. 2016년부터 서울시가 추진해 오고 있는 공공미술 프로젝트인 '서울은 미술관'의 취지다. 이 프로젝트는 일상공간에서 함께 만드는 공공미술을 지향하며 크게 세 가지 방향성을 가진다.

첫째, 지역 시민의 장소를 만든다. 일상적인 도시 공간을 배경으로 공공미술을 설치해 그 장소의 가치와 의미를 되살린다. 둘째, 참여형 프로젝트다. 시민이 더 이상 관람객에 그치는 것이 아니라 주체적 참여자로 아이디어를 제안하고 함께 작품을 구현하는 파트너이자 작가가 된다. 셋째, 추진 기반을 마련한다. 공공미술 컨퍼런스를 열어 공공미술의 담론을 지속적으로 발전시키고 기록을 통해 문화적 자산을 만들어간다.

2018년 '서울은 미술관' 작품 중 하나인 자하담은 신영삼거리 육교의 아트페이빙 프로젝트다. 종로구 신영동, 평창동, 부암동을 연결하는 삼발이 형태의 이 육교는 유동인구의 75%가 인근 세검정초등학교 학생이다. 육교의 주인공인 93명의 어린이와 디자인 전문가가 함께 워크숍을 진행했다.

지역 이름의 유래를 테마로 작품의 밑그림이 정해졌다. 이 지역은 예로부터 산과 물이 아름다워 신선이 살던 동네로 여겨졌다. 여기서 바라보는 자줏빛 노을이 아름다워 '자하문'이라는 이름이 유래되었는데, '자하담'이란 작품명은 여기서 착안했다. '자하'와 이야기 '담'자를 더한 것이다. 110m 길이의 회색 시멘트 육교 바닥이 바뀌었다. 암석 사이를 흐르는 계곡의 모습을 표현했는데, 붉은색 계열의 패턴이 미색 바탕을 곡선으로 이리저리 지난다. 그 모습이 마치 자줏빛 노을이 이야기를 품고 흐르는 듯하다. 자하담은 2년 반 동안 지역 주민들의 따뜻한 일상 미술로 함께했으며, 2021년 10월 내구연한 도래로 작품 유지가 어려워져 아쉽지만 철거했다.

녹사평역 지하예술정원도 같은 해 진행된 지역단위 공공미술 프로젝트다. 2호선 양천구청역과 함께 서울에서 유일하게 지상 빛이 지하로 통하는 지하철로, 공간 경험을 풍부하게 만들 환경적 자원을 가진 곳이었다.

녹사평의 본래 뜻인 '푸른 풀이 무성한 들판'에서 영감을 받아 '빛', '숲', '땅'을 주제로 공간을 조성했다. 국제지명공모를 통해 당선된 일본의 건축가 유리 나루세와 준 이노쿠마는 '빛의 댄스(Dance of light)'란 작품을 선보였다. 익스팬디드 메탈이라는 건축자재를 활용해 지상 빛을 지하 4층까지 끌어들였다. 거대한 화이트 돔이 안개처럼 옅은 빛을 깊숙이 끌어들여 공간 전체를 화사하고 부드럽게 만들었다. 지하 4층 대합실에는 '숲'을 주제로 '숲 갤러리', '담의 시간들', '녹사평, 여기...', '흐름' 등의 작품이 전시되었고 지하 5층 플랫폼에는 '땅'을 주제로 '순간의 연대기: 깊이의 동굴'이 전시되었다. 녹사평역은 서울에서 가장 아름다운 지하철역 중 하나로 손꼽히며, 이동을 경험할 때 아름다운 인상을 남긴다.

'녹사평역 지하 예술정원'은 2018년 추진된 지역단위 공공미술 프로젝트이다. 지하1~4층 홀에는 국제지명공모를 통해 '빛의 댄스(Dance of light)'가 조성됐다.

2018년 '서울은 미술관' 작품 중 하나인 자하담은 종로구 소재 신영삼거리 육교의 아트페이빙 프로젝트다.

유니버설디자인

모두를 위한 장소 만들기

1988년 올림픽을 기념하기 위해 조성된 올림픽공원은 144만m²가 넘는 엄청난 크기를 자랑한다. 여의도 면적의 절반에 가까운 광활한 공원은 속속들이 훤히 알기는 어려워도, 인근 주민이나 이곳을 애용하는 사람에겐 나만의 보물 장소를 찾는 재미를 준다. 하지만 너무 넓어서일까. 때로는 길을 잃고 헤매 고생스러운 기억을 남기기도 한다.

서울시는 2022년 방문객 설문조사를 통해 여러 갈림길과, 부족하거나 잘 이해되지 않는 안내 정보 때문에 길 찾기에 실패하는 비율이 58%에 달한다는 결과를 얻었다. 안내판을 보고도 어느 경로로 갈지 정하기 쉽지 않았다. 게다가 구릉지형이라 고령자나 유아차 동반객 등은 경사로 같은 보행편의 시설이 갖춰진 길로 가야 하는데 사전에 이를 알기도 어려웠다.

이에 따라 서울시는 유니버설디자인을 적용해 공원의 정보안내체계를 개선했다. 방향정보나 시설정보 등 핵심 정보만을 표기하여 표지판을 교체하는 한편 보행로 바닥에도 정보를 표시해서 가시성을 높였다. 또한 계단과 경사로의 난이도를 표기해 보행자가 신체적 특성에 따라 경로를 선택할 수 있도록 만들었다. 반려견과 함께 방문한 경우, 목줄을 걸고 편의시설을 이용할 수 있게 활용성도 높였다.

유니버설디자인(Universal Design)은 상품, 시설, 서비스의 이용자들이 성별, 나이, 장애, 언어 등으로 인해 제약을 받지 않도록 한 보편적(universal) 디자인을 뜻한다. 서울시는 유니버설디자인의 기본 철학을 "모든 시민이 안전하고 편리하게 살아갈 수 있는 도시환경 조성"으로 정의했다.

서울시는 유니버설디자인의 확산을 위해 적용지침을 담은 가이드북을 제작해 배포하고 있다. 2022년에는 기존 '서울시 유니버설디자인 통합 가이드라인(2017)'을 고도화해 보도, 공원, 공공건축물을 대상으로 적용지침 단행본을 발간했다. 그 외에도 한강을 중심으로 공공공간이 포진해 있는 서울 수변공간의 특수성을 고려해 '수변공간 유니버설디자인 가이드북(2023)'을 제작했다.

이러한 가이드북을 토대로 2024년 7월에는 이촌한강공원 일대에 유니버설디자인을 적용해 '모두를 위한 피크닉 풀'을 조성했다. 무장애 피크닉 공간, 개인형 피크닉 공간, 평상형 피크닉 공간, 스탠드형 피크닉 공간 등 여러 유형의 시설이 공간의 연속성을 유지하며 배치되었다. 이런 공간에 접근할 수 있도록 조성된 데크길은 때에 따라 낮은 경사로가 생기며 이어진다. 휴식공간에는 다양한 높이의 벤치를 만들었는데, 신체 유형에 따라 입식이나 좌식 등 편리한 형태로 이용할 수 있다.

올림픽공원은 광활한 데다 구릉지형이라 경로 안내와 경사로 등의 보행편의 시설 보완이 필요했다. 2022년 유니버설디자인을 적용해 공원 정보안내체계를 개선했다.

이촌한강공원에는 2024년 '모두를 위한 피크닉 풀'이 조성됐다.

범죄예방디자인(CPTED)

안전과 안심을 통한 삶의 질적 향상

깨진 유리창 이론. 흔히 알고 있는 이야기일 것이다. 미국 범죄학자인 제임스 윌슨과 조지 켈링은 유리창이 깨진 자동차를 거리에 방치하면 사회의 법과 질서가 지켜지지 않고 있다는 메시지로 읽혀 더 큰 범죄로 이어질 가능성이 높아진다고 말했다.

오래된 주거지의 골목길은 소박한 정취를 간직하고 있다. 하지만 사회가 점차 개인화되고 한 동네에 정박해서 거주하는 경우도 줄면서, 골목의 익명성이 높아지고 질서는 어질러졌다. 나 하나쯤이야 하며 쓰레기를 버리는 일도 잦아졌다. 오래된 동네의 골목은 인증샷의 배경으로 소비되기도 하는데, 이 때문에 골목에서 마주치는 낯선 사람에 대한 경계심은 커져갔다. 정작 사는 사람이 안심하고 다니기는 어려운 환경이 되어간 것이다.

서울시는 시민의 안전과 안심을 통한 삶의 질 향상을 위해 2012년부터 '생활안심(범죄예방) 디자인'을 추진해 왔다. 범죄예방디자인, 일명 셉테드(CPTED, Crime Prevention Through Environmental Design)는 디자인을 통해 범죄 심리를 위축시켜 범죄 발생 기회를 사전에 차단하고 예방하는 디자인을 말한다.

생활안심디자인은 구도심을 대상으로 적용되었다. 신도시는 건물 구조와 도로 배치, 가로등, 감시장비 등이 범죄를 줄이는 방향으로 조성된 데 반해 구도심은 환경이 취약했기 때문이다. 2012년 마포구 염리동과 강서구 가양동을 시작으로 매해 자치구 공모를 통해 시범사업 지역을 선정하고 생활안심디자인 적용지역을 확대해 왔다. 2019년까지 66개소에 다양한 프로토타입을 개발하며 적용했다. 그러면서 쌓인 사례와 노하우를 담아 '생활안심디자인 종합 가이드라인(2019)'을 제작하고 배포했다.

생활안심디자인의 핵심은 맞춤형 환경개선이다. 2020년 조성된 광진구 자양4동은 다세대, 다가구 주택이 많고 외국인 밀집 거주 지역이다. 자율방범대도 외국인과 내국인으로 나뉘어 운영되었는데 이를 통합해 협력관계를 다지는 계기를 만들었다. 한편, 주거지와 상가가 밀접하게 위치해 외부인의 무분별한 출입이 잦다는 문제가 있었다. 골목시장과 주거공간을 분리하는 마을게이트를 만들고 공간을 구분하는 조명을 설치했다. 또한 골목에 설치된 에티켓 사인에 한국어 뿐만 아니라 중국어도 병기해 정보 접근성을 높였다.

최근에는 주거지역이 아니라 공공공간의 산책로 등에서도 범죄가 발생하고 있다. 서울시는 둘레길과 산책로에 강화된 범죄예방디자인을 도입하고 인공지능형 CCTV를 설치해 사각지대를 최소화할 계획이다. 또한 범죄 예방 TF팀을 만들어 시민의 일상을 지킬 모든 방법을 강구하고 있다.

강동구 천호동의 재활용망 정리홀

마포구 염리동의 생활안심디자인 골목

은평구 구산동의 거북골 근린공원의 숲체험장.
생활안심디자인의 핵심은 맞춤형 환경개선이다.

chapter 5

LANDMARK

chapter 5

랜드마크, 이채롭고 아름다운 서울의 건축적 매혹

도시계획가 케빈 린치는 사람이 도시를 인지하고 기억하는 방식을 연구하며 랜드마크의 의미를 새롭게 정의했다. 그의 눈에 랜드마크는 단순한 건축물이 아닌 도시를 이해하는 열쇠였다. 길의 방향을 알려주는 이정표이자 도시의 정체성을 대변하는 상징이며, 사람들의 기억과 경험이 모이는 지점이었다.

Story

서울을 빛내는 건축의 향연

도시에도 저마다의 얼굴이 있다. 파리의 에펠탑, 뉴욕의 엠파이어스테이트 빌딩, 시드니의 오페라하우스. 우리는 이들을 통해 도시가 살아온 역사와 현재를 본다. 콜로세움에서 로마의 영광을, 빅벤에서 런던의 전통을, 부르즈 칼리파에서 두바이의 야망을 읽어낸다. 이것이 랜드마크의 힘이다. 도시계획가 케빈 린치는 사람이 도시를 인지하고 기억하는 방식을 연구하며 랜드마크의 의미를 새롭게 정의했다. 그의 눈에 랜드마크는 단순한 건축물이 아닌 도시를 이해하는 열쇠였다. 길을 안내하는 이정표이자 도시의 정체성을 나타내는 상징이며, 사람들의 기억과 경험이 쌓이는 공간이었다.

서울은 다채로운 시간의 켜를 지닌 랜드마크를 품고 있다. 흥인지문, 돈의문, 숭례문, 숙정문은 조선 시대 수도 한양의 상징이었으며, 오늘날에도 서울의 주요 역사적 중심축을 형성하고 있다. 600년 고도의 역사를 간직한 경복궁과 종묘도 빼놓을 수 없다. 63빌딩, 롯데월드타워는 현대 기술력과 경제 발전을 상징한다.

주목할 점은 이제는 청계천이나 DDP처럼 환경과 문화, 일상을 아우르는 도시건축 공간이 주목받는다는 점이다. 복원된 청계천은 시민들의 휴식처 역할을 하면서도, 구도심의 역사적 맥락을 이해할 수 있는 중요한 도시 요소가 되었다. DDP는 동대문운동장의 기억을 담은 역사문화공원과 함께 미래지향적 건축으로 새로운 도시 경험을 제공한다.

서울시도 거대한 건축물보다는 도시 경관과 시민의 문화 향유에 초점을 맞춘 정책을 펼친다. 강병근 서

"서울은 다채로운 시간의 켜를 지닌 랜드마크를 품고 있습니다. 흥인지문, 돈의문, 숭례문, 숙정문은 조선 수도 한양의 고유한 상징이자 오늘날까지도 도시의 중심축입니다. 600년 고도의 역사를 간직한 경복궁과 종묘도 빼놓을 수 없습니다. 63빌딩, 롯데월드타워는 현대 기술력과 경제 발전을 상징합니다."

2004년 여의도(왼쪽)와 2000년 뚝섬의 한강변 전경(오른쪽)

2011년 완공한 세빛섬은 민선 4기의 '한강을 서울의 랜드마크로' 선언으로 이뤄진 한강의 문화공간화를 보여준다.

울시 총괄건축가는 "서울을 찾는 해외 건축가들은 대부분 랜드마크로 남산을 첫손에 꼽고, 이어 한강과 남산타워를 말한다. 이는 랜드마크가 반드시 거대 건축물일 필요가 없다는 것을 보여준다"고 말했다.

한강이 품은 건축적 상상력

강은 도시의 상상력을 자극한다. 런던 테이트모던은 템스강변 산업유산을 재해석했다. 빌바오의 구겐하임미술관은 네르비온강을 따라 도시 경제의 새로운 생장점이 되었다. 한강 또한 서울을 관통하는 시간의 축이자 공간으로서 도시의 정체성을 가장 선명하게 드러낼 수 있는 힘이 있다.

하지만 그동안 하천 환경 보전과 안전 관리를 위한 규제로 인해 그 가능성을 충분히 끌어내지 못했다. 광활한 규모를 자랑하지만, 법에 따라 건축물 용도가 제한돼 강변에는 이동식 매점만 허용되는 실정이다. 문화적 활력이 꽃필 수 있게 변화를 시도해야 한다.

다행히 첨단 기술의 발전과 함께 안전성과 환경성을 담보하면서도 수변 공간을 더욱 창의적으로 활용할 수 있는 대안이 열렸다. 그래서 2007년 민선 4기는 '한강을 서울의 랜드마크로'를 선언하고 한강의 고유한 매력을 살리면서도 시민의 일상에 스며드는 문화공간을 만들어야 한다는 구상을 구체화했다. 이 변화의 시작은 시민의 아이디어에서 비롯됐다. 2006년 서울시민 아이디어뱅크 '천만상상 오아시스'에 김은성 님이 제안한 '한강에 둥둥 떠 있는 섬'을 시정에 채택했다. 이후 '한강 르네상스' 사업의 일환으로 본격화된 이 구상은 세계 최초의 플로팅 건축물을 목표로 추진됐다.

다양한 과정이 있었다. 2008년 해안건축이 설계하고 2009년 수익형 민자사업(BTO) 방식으로 착공했지만, 최대 주주의 유동성 위기로 사업자가 교체되었으며, 부유식 건축물의 높은 기술적 난이도로 인해 공사비가 662억 원에서 1390억 원으로 증가했다. 2011년 '세빛둥둥섬'이라는 이름으로 완공되었으며, 결국 효성그룹이 20년 무상·10년 유상 운영 후 기부채납하기로 결정하면서 해결의 실마리를 찾았다. 위성항법장치와 와이어로 구성된 계류안전시스템으로 안전을 단단히 보장했다.

2014년 10월, 마침내 '세빛섬'이란 이름으로 전면 개장했다. 2023년 기준 연간 방문객 수는 239만 명에 달한다. 영화제, 콘서트, 마켓 등 다양한 프로그램이 열리며, '산업융합촉진법'에 따른 규제샌드박스 승인으로 그동안 불가능했던 옥외 상업광고가 가능해져 2024년부터 재정건전성이 더욱 개선될 것이라는 기대도 핀다.

이러한 도전은 앞으로도 계속될 것이며, 그 중심에는 노들섬이 있다. 1960~1970년대 한강 개발 당시 강변북로 건설과 이촌동 매립에 구 중지도의 백사장 모래가 사용되면서 한강 중앙의 섬으로 태어난 곳이다. 사유지였던 이곳을 2005년 서울시가 매입했다.(출처 시정종합월간지 『서울사랑』) 용산과 노량진을 잇는 교통의 요지이자 한강을 한눈에 조망하는 최적의 입지를 가진 노들섬이기에 현재의 잠재된 가치를 한 단계 끌어올릴 새로운 변화가 필요하다. 이에 2024년 '노들 글로벌 예술섬 국제지명 설계공모'를 열고 헤더윅 스튜디오의 '소리풍경(Soundscape)'을 선정했으며, 2025년 착공하여 2028년 완공을 목표로 하고 있다. 자연과 문화가 어우러진 생동감 넘치는 놀이터로 거듭나려는 이 시도는 한강이라는 서울의 심장부에서 수변공간의 새로운 가능성을 모색하는 실험이 여전히 현재 진행형임을 보여준다.

서쪽도 윤곽이 나왔다. 상암동 월드컵공원 내 평화의공원에서는 '그레이트 한강' 프로젝트의 일환으로 대관람차가 조성될 예정이다. 세계 최초로 두 개의 고리가 서로를 감싸안은 트윈 휠 형태는

2029년 준공 예정으로 추진 중인 대관람차의 투시도

2024년 노들 글로벌 예술섬 국제지명 설계공모에 당선된 헤더윅 스튜디오의 소리풍경(Soundscape) 조감도

노들섬의 현재 모습

한강의 새로운 낭만이 될 것이다. 동쪽으로 눈을 돌리면 삼표레미콘 부지가 변화의 날개를 편다. 미국의 건축설계 회사인 SOM(Skidmore, Owings & Merrill, 미국)이 설계한 56층 랜드마크 '서울 숲의 심장'은 성수 일대를 한강변 글로벌 미래업무지구로 이끄는 등대가 된다.

수변문화의 꽃을 피운 세빛섬, 예술의 새 숨결로 깨어나는 노들예술섬, 그리고 미래를 향해 도약하는 삼표 레미콘 부지까지 이 공간들은 각각의 개성을 살려 서울에 새로운 활력을 불어넣고 있다. 무엇보다 우리에게 한강과 가까워질 기회를 선사한다. 도시화 속에서 잠시 멀어졌던 자연과의 관계를 회복하고, 그 안에서 새로운 문화적 경험을 창출하는 것. 이것이야말로 우리가 그리는 한강의 랜드마크다.

"10년 전 '디자인 수도'를 키워드로 DDP를 만들고 서울의 일상을 멋스럽게 변화시켰던 것처럼 이제 서울시는 '아름다움'이란 새로운 씨앗을 심으려 합니다. 마치 드라마의 작은 울림이 K-팝과 K-컬처라는 큰 물결이 되었듯 일상 속 아름다움이 서울 전체로 번져나가게 하는 것이 목표입니다."

문화와 예술이 매일의 것으로

2006년 도심재창조 종합계획은 동대문 일대의 새로운 장을 열었다. 한국 근대 스포츠의 산실이었던 동대문운동장이 세계적인 건축가 자하 하디드의 손끝에서 미래지향적 디자인 플라자로 탈바꿈하는 전환점이 된 것이다. 대학로에서 흥인지문, 동대문을 거쳐 남산으로 이어지는 복합문화축의 핵심 거점을 만드는 야심 찬 프로젝트의 시작이었다.

서울을 대표하는 랜드마크를 조성하는 과정에서 여러 혁신적 시도가 이루어졌다. 공공사업 최초로 도입된 국제지명 설계공모는 세계적 수준의 건축물을 향한 시의 의지를 보여주었다. 전체 공정의 투명한 관리를 위해 도입한 CA(Construction Administration)와 건설사업관리(Construction Management) 시스템은 이후 공공 발주 건물의 표준 업무시스템 구축에도 영향을 미쳤다. 전문성과 효율성, 자율성과 재정자립성을 갖춘 서울디자인재단의 설립 역시 이 과정에서 탄생했다.

과정은 결코 순탄하지 않았다. 체육계는 역사적 장소의 보존을 주장했고, 상인들은 생업에 대한 우려를 표했다. 시는 1,500여 회에 달하는 끈질긴 대화로 해법을 찾아갔다. 체육 시설물의 일부 보전과 기념관 건립, 상인들을 위한 서울풍물시장 조성과 창업 지원까지 새로운 미래와 과거의 기억이 공존하는 방안을 마련했다.

2014년 문을 연 DDP는 이 모든 노력이 결실을 맺은 결과였다. 세계적 건축가 자하 하디드의 대표작으로 꼽히며 영국 월드 아키텍처 페스티벌(World Architecture Festival)에서 문화 부문 최우수상(Culture Category Winner)을 수상해 세계 건축계의 주목을 받았다. 영국의 디자인 건축 전문지 『월페이퍼Wallpaper』는 "3만 개가 넘는 알

2005년 동대문운동장과 흥인지문 일대

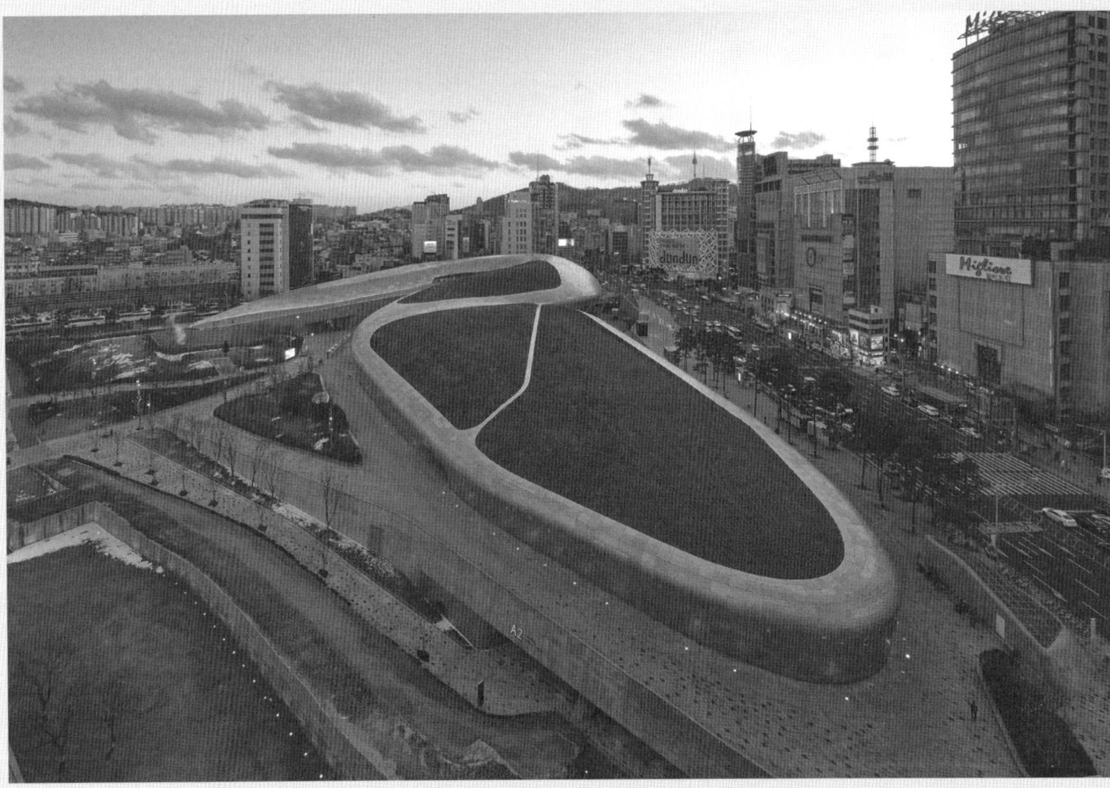

2014년 문을 연 DDP. 장충단로는 흥인지문과 DDP를 지나
남산까지 향한다.

루미늄 패널로 이뤄진 유선형 외벽은 한국 건축과 건설 기술을 한 단계 끌어올린 이정표가 되었다. 최고의 품질과 비용 관리를 보장하는 첨단 3차원 디지털 건설 서비스를 구현한 한국 최초의 공공 프로젝트"라고 보도했다.

서울패션위크의 상징적 무대이자 디자인과 미디어 아트의 메카로 자리 잡은 것 또한 기념할 만하다. 하루 평균 4만 명으로 시작한 발걸음은 2024년 누적 방문객 1억 명이라는 기록으로 이어졌다. 하지만 더 중요한 것은 수치 너머의 변화였다. 디자인, 패션, IT 등 창조산업 기업은 새로운 성장 기회를 얻었고, 시민들은 일상에서 예술을 경험할 수 있었으며, 전 세계 건축 애호가들은 이곳을 한국 현대 건축의 대표적 명소로 인식했다. DDP는 서울의 새로운 이야기가 되었다.

앞으로 생길 랜드마크도 이 유산을 이어받을 것이다. 서남권에 들어설 제2세종문화회관은 또 다른 이정표다. 여의도공원은 단순 근린공원의 한계를 넘어설 새로운 도약이 필요한 시점이다. 이 중심에 자리할 제2세종문화회관은 도심부에서 문화적 중추 기관으로 시민의 영감이 되어준 세종문화회관의 유산을 이어받되 현대적 감성과 수변 공간의 비전을 담아낸다. 국제금융의 중심지로 발돋움할 여의도 장소성을 북돋우면서 여의도공원까지 문화로 물들게 할 것이다.

서초동에는 옛 국군 정보사령부 부지에 서리풀 개방형 수장고가 들어선다. 2023년 국제지명 설계공모를 통해 선정된 스위스 건축사무소 헤르조그 앤 드뫼롱은 문화유산을 단순히 보관하는 창고가 아닌 시민의 일상과 호흡하는 살아 있는 수장고형 미술관으로 선보이려고 한다. 보존과 전시, 교육이 자연스럽게 어우러져 미래 문화 시설의 새로운 방향을 제시하리라 기대한다.

도시건축 디자인 혁신의 거점들

'Seoul, My Soul'. 2023년 8월, 서울시 새 브랜드가 세상에 모습을 드러냈다. 서울시가 선언한 "서울다움으로 글로벌 탑5 도약"이라는 비전에는 서울의 과거와 현재, 그리고 미래가 공존하는 풍경이 담겨 있었다. 획일화된 기준에서 벗어나 각자의 개성을 존중하고 다양성을 포용하는 시대정신을 반영했다. 모든 도시가 자신만의 이야기와 역사를 품고 있듯이 서울 역시 독자적인 철학으로 미래를 설계해야 한다는 통찰을 담았다.

서울시는 오래도록 불합리한 규제를 개혁하고, 행정 지원을 확대하며, 도시의 상징이 될 특색 있는 건축물을 위한 가이드라인을 수립해 왔다. 2006년 '디자인 서울' 선언을 시작으로, 2007년 획일화된 주거문화를 상징하는 '성냥갑 아파트' 퇴출 선언, 2009년 '한강의 공공성 회복' 프로젝트 등이 차례로 이어졌다. 성수동의 트리마제, 이촌동의 첼리투스와 같은 한강변의 새로운 스카이라인은 이러한 노력의 결과물이었다.

이러한 노력은 국제적으로도 높은 평가를 받았다. 2010년 서울은 세계 최초의 디자인 수도로 선정됐다. 2008년 시범도시로 선정된 이탈리아 토리노와 달리 서울은 싱가포르, 두바이 등 쟁쟁한 도시와의 경쟁에서 심사위원 만장일치로 선정됐다. 2014년 문을 연 동대문디자인플라자 역시 세계 최대 규모의 비정형 건축물이라는 기술적 성과를 넘어 서울이 꿈꾸는 '세계 디자인 메카'의 비전을 구현해 이목을 집중시켰다.

지금까지 걸어온 길은 시작에 불과하다. 2023년 2월, 서울시가 발표한 '도시·건축 디자인 혁신 방안'이라는 청사진은 더 나은 서울의 내일을 준비한다. 도시건축 사업의 첫 단추를 끼울 때부터 혁신적인 디자인이 자라날 수 있도록 걸림돌이 되는 제도와 행정 절차를 손보고 인센티브 제도를 뒷받침한다. 용도지역 경계의 벽을 허무는 '비욘드조

성수대교 너머 영동대교와 청담대교가 보이고 국내 최고 마천루인
롯데월드타워가 있다. 사진의 왼쪽에는 한강 공공성 재편 프로젝트의
대표적인 건물인 성수동의 트리마제가 보인다.

2023년 국제지명 설계공모를 통해 당선된 스위스 건축사무소
헤르조그 앤 드뫼롱의 서리풀 개방형 수장고 조감도

"도시는 수많은 차이가 만나는 살아있는 유기체입니다. 이제는 이러한 다름을 배제하는 것이 아니라, 서로 다른 것들이 만나 만들어내는 조화로운 가치가 도시의 새로운 경쟁력이 되었습니다."

닝'을 통해 일자리와 주거, 여가와 문화가 자연스럽게 어우러지는 터전을 제공한다. 도시와 건축, 교통과 환경이라는 조직을 '도시건축 디자인 혁신'이란 이름 아래 하나의 하모니로 만드는 통합심의 체계도 만들었다. 노들예술섬을 비롯해 제2세종문화회관, 성동구치소, 수서역 공영주차장 복합개발 4개 사업을 디자인 혁신 시범사업으로 추진할 예정이다. 곧 만날 이 공간들은 서울에 두 가지 꽃을 피울 것이다. 하나는 고유한 정체성, 다른 하나는 세계에서 통하는 경쟁력이다.

서울시는 랜드마크를 통해 서울의 정체성을 더욱 강화하고자 한다. 일상에 스며드는 문화 공간, 시민의 발길이 자연스레 머무는 광장, 도시에 새로운 활력을 불어넣는 건축물들이 그 핵심이다. 2020 글로벌 혁신지수(Global Innovation Index)에서 세계 1위를 기록한 '인적자본 및 연구' 역량과 세계가 인정하는 대중교통 접근성, K-문화의 매력이 어우러져 그 영향력은 세계적으로도 빛을 발할 것이다. 우리는 지금, 창의적인 도시건축과 제도 혁신을 바탕으로 도약하는 서울의 새로운 시작을 목격하고 있다.

MAP

LANDMARK

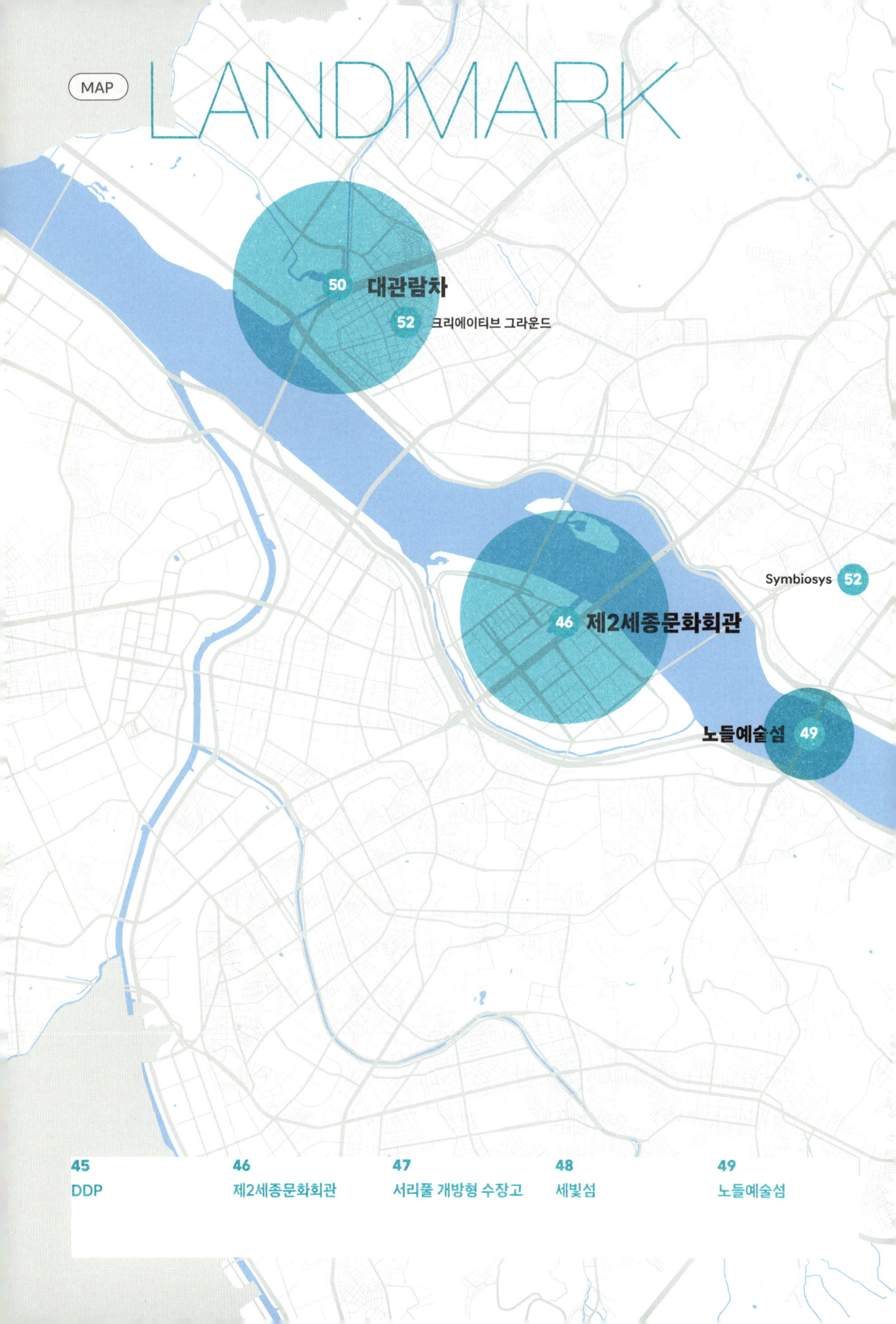

45
DDP

46
제2세종문화회관

47
서리풀 개방형 수장고

48
세빛섬

49
노들예술섬

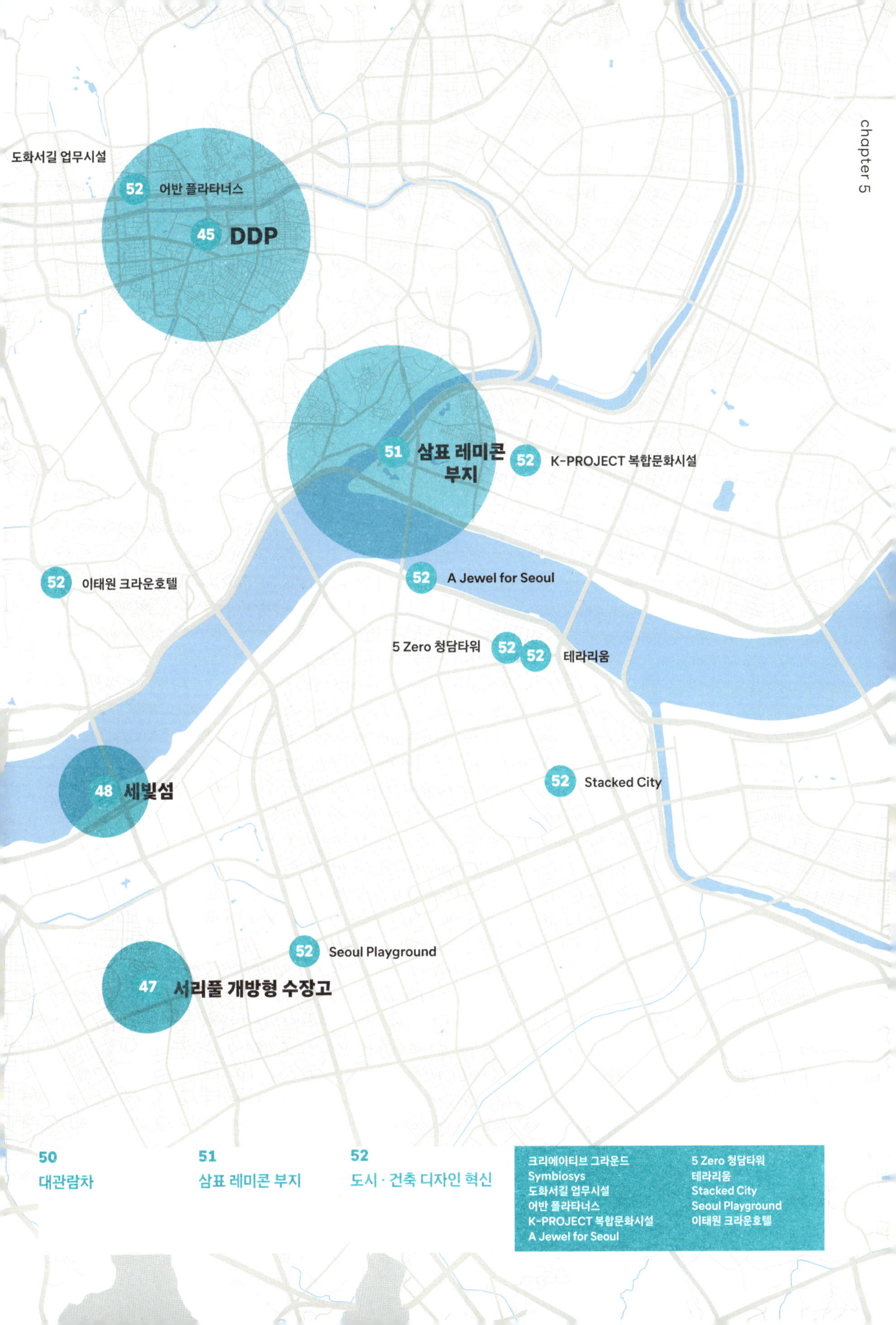
도화서길 업무시설
52 어반 플라타너스
45 DDP
51 삼표 레미콘 부지
52 K-PROJECT 복합문화시설
52 이태원 크라운호텔
52 A Jewel for Seoul
5 Zero 청담타워 52
52 테라리움
52 Stacked City
48 세빛섬
52 Seoul Playground
47 서리풀 개방형 수장고
50
대관람차
51
삼표 레미콘 부지
52
도시 · 건축 디자인 혁신
크리에이티브 그라운드
Symbiosys
도화서길 업무시설
어반 플라타너스
K-PROJECT 복합문화시설
A Jewel for Seoul
5 Zero 청담타워
테라리움
Stacked City
Seoul Playground
이태원 크라운호텔

DDP

예술과 기술이 융합된 글로벌 랜드마크

과거의 유산에서 미래를 상상하기

동대문운동장은 한 단어로 규정할 수 없는 서울의 독특한 장소다. 동대문운동장과 일대에 쌓인 역사의 켜와 역동성. 그 운동에너지를 어떻게 공간으로 보여줄 수 있을까?

서울시는 노후화로 침체되고 있는 동대문 지역의 도약을 위해 과감한 정책을 추진했다. 2006년 11월 시민 아이디어 공모를 시작으로, 2007년에는 지방자치단체 최초로 국제지명 설계공모 방식을 도입해 이 자리의 풍경을 새롭게 디자인하기로 한 것이다. 국내 건축가 4인과 해외 건축가 4인이 참여한 이 공모에서 자하 하디드의 '환유의 풍경'이 선정됐다. '페이퍼 아키텍트(paper architect)'로 불릴 만큼 개념적이고 혁신적인 설계를 선보인 그의 설계는 근대 건축물인 동대문운동장 아래에서 발견된 서울성곽과 이간수문, 하도감터 등 500~600년 된 유적을 품어내며 새로운 이야기를 써 나갈 여지가 충분했다. '회복과 창조'라는 두 가지 가치를 동시에 구현해 낼 안이었다.

서울의 풍경 속에 자리한 DDP는 스토리텔링이 살아 숨쉬는 건축물이다. 현대의 랜드마크는 더 이상 초고층빌딩이나 조각상의 모습으로 구현되지 않는다. 도시의 문화예술 가치를 담아내고 도시 브랜드의 가치를 높이는 것으로 그 역할을 증명한다. 건축가 자하 하디드는 동서양을 잇는 자신의 문화적 배경을 설계에 투영했고, 새벽부터 밤늦게까지 쉼 없이 움직이는 동대문의 역동성을 액체가 흐르는 듯한 환유적 풍경으로 승화시켰다. 남산과 낙산으로 이어지는 도심 능선을 따라 은빛 물결처럼 펼쳐진 동대문디자인플라자(DDP)는 그렇게 탄생했다.

apM

동대문에서 전하는 환유의 풍경

다양성과 개별성이 존중받는 시대정신을 반영하듯 DDP는 유동적이고 개방적인 디자인으로 나타났다. 가장 큰 건축적 특징은 유례없는 비정형 설계다.

4만 5,133장의 알루미늄 패널은 각기 다른 곡률과 크기, 형태로 설계되어 직선이나 벽 없이 유려하게 흐르는 공간을 만들어낸다. 이처럼 도전적인 설계를 실현하기 위해 최첨단 BIM(Building Information Modeling) 설계기법이 도입됐다. 또한, 메가트러스와 3차원 스페이스 프레임 구조가 최소한의 기둥으로 우주 공간을 연상시키는 압도적인 실내 공간을 구현한다.

내부 마감에도 첨단 공법과 신소재가 시도됐다. 곡면 구현이 가능하며 내화성을 갖춘 천연석고보드, G.R.G보드, 코튼흡음재, 인조대리석 등 친환경 자재 적용은 물론이고, 수차례의 실물 크기 부분 모형 제작을 통해 최상의 시공 품질까지 확보했다.

공사 과정에서 발견된 조선시대 훈련도감과 이간수문 등 문화유산은 유구전시장에 복원해 과거와 현재의 공존도 실현했다.

흐르는 곡선을 타고 열린 새 지평

DDP는 2015년 『뉴욕타임스NYT』가 선정한 '꼭 가봐야 할 명소 52곳'에 이름을 올렸다. '샤넬이 사랑한 공간'이라는 수식어를 얻은 후에는 루이비통, 맥킨지 등 세계적인 브랜드와 기업이 'DDP가 아니면 서울에서 하지 않겠다'며 이곳을 첫 번째로 지목할 만큼 국제적 명성을 얻었다. 개관 후 5년 차부터 주변 지역 유동인구가 20% 증가하며 동대문 상권 활성화에 기여했고, 대한민국 유일의 공립 디자인뮤지엄이 이곳에 개관했다. 또 간송미술관 컬렉션부터 글로벌 럭셔리 브랜드의 전시까지 연간 20~30여 건의 디자인 행사가 개최되었다. 222m 길이의 초대형 미디어아트 '서울라이트 DDP'와 같은 이벤트는 연말에 꼭 가서 봐야 하는 풍경으로 손꼽힌다.

DDP는 각기 다른 곡률과 크기인 4만 5,133장의 알루미늄 패널로
직선과 벽 없이 유려하게 흐르는 공간을 만들었다.

제2세종문화회관

여의도에 새롭게 뛰는 문화 심장

1978년 개관된 세종문화회관은 서울의 대표적인 문화예술 전문기관 역할을 하고 있으나, 공연 수요가 많아 시설 대관이 어렵고 예술단의 공간 확충이 필요한 상황이다. 서울시는 여의도공원 제2세종문화회관 건립을 통해 예술 향유에 대한 신규 수요를 창출하고 부족한 예술인 활동공간을 확충하려 한다. 이는 기존 세종문화회관의 운영 능력을 밑바탕에 두고 진행된다. 또한 제2세종문화회관을 공연장 인프라가 부족한 서남권의 새로운 문화 중심지로 조성하여 문화예술의 균형발전을 이루고자 한다. 특히, 세종문화회관은 문화예술공연 분야에서 서울을 대표하는 상징적인 시설로서, 여의도에 새롭게 조성될 제2세종문화회관은 서남권의 문화적 허브 및 문화예술의 플랫폼으로서 기대받고 있다. 여의도공원을 도심문화공원으로 재편한다면 중심 문화시설 기능을 동시에 할 것으로 기대된다. 여의도공원 제2세종문화회관을 서울을 대표하는 수변 랜드마크로 조성하고자 도시 · 건축 디자인 혁신 시범사업으로 지정하고, 기획 디자인공모를 시행하였다. 심사를 통해 범건축종합건축사사무소, 디자인캠프문박디엠피, 희림종합건축사사무소, 자하 하디드 아키텍츠, DURIG AG 건축사무소의 5개 작품을 선정하였으며, 2023년 9월 시민들과 공유하였다. 관련 사전 절차 완료 후 지명 설계공모를 통해 이 중 당선작을 선정하여 설계를 진행할 예정이다.

제2세종문화회관의 위치는 여의도공원 북단으로 한강과 가까운 곳이다. 디자인의 기본방향은 여의도공원과 한강공원을 통합하고 녹지 축을 연계해 복합문화공간을 조성하는 것이다. 건물은 대공연장, 중공연장, 연습실, 전시장, 교육시설 등의 문화시설, 시민과 글로벌 관광객을 위한 다양한 집객시설, 이용자 편의를 위한 주차장 등으로 구성 예정이다. 더 나아가 시민들이 항상 방문할 수 있는 공용공간을 조성하여, 시민들의 삶 속에 살아있는 문화공간이자 서울을 대표하는 랜드마크로 건립할 것이다.

범건축종합건축사사무소의 설계안

자하 하디드 아키텍츠의 설계안

디자인캠프문박디엠피의 설계안

DURIG AG 건축사무소의 설계안

희림종합건축사사무소의 설계안

서리풀 개방형 수장고

서울다운 문화공간 만들기

미술관 수장고는 이제 단순한 보관 공간을 넘어 새로운 문화 공간으로 진화하고 있다. 2010년 이후 전 세계적으로 확산된 '개방형 수장고'는 공유와 공개라는 시대적 가치를 반영하며, 소장품의 민주화라는 공공적 가치를 실현하는 장이 되었다. 그동안 숨겨져 있던 작품을 직접 마주하는 특별한 경험을 할 수 있게 된 관람객은 이러한 변화를 새로운 문화 향유의 기회로 환영하고 있다.

서울시가 추진하는 서리풀 개방형 수장고는 10만 점의 작품을 시민과 공유하는 대규모 프로젝트로, 계획부터 큰 주목을 받았다. 2023년 스위스 건축 사무소 헤르조그 앤 드뫼롱을 비롯한 세계적 건축가들이 참여한 지명 설계공모 당시, 850명의 시민과 전문가들이 현장에서, 6만여 명이 온라인으로 지켜보며 서울 서남권의 새로운 문화 랜드마크에 대한 관심을 보여주었다.

서초구 구 정보사 부지에 들어설 이 미술관형 수장고는 2040 서울도시기본계획의 반포대로 문화축(세빛섬-고속버스터미널-정보사부지-예술의전당)에 활력을 불어넣을 예정이다. 네덜란드 로테르담의 '디포 보이만스 판 뵈닝언'을 벤치마킹하되 '서울시 산하 박물관·미술관의 우수 소장품을 한곳에 모아 전체 컬렉션을 시민에게 공개한다'는 서울만의 시도를 담았다.

당선작은 서리풀 언덕 기슭에 새로운 정체성의 공공정원을 만들었다. 대지에서 채굴한 암석을 이용해 각기 다른 모양의 블록 4개를 만들었고, 이를 받침대 삼아 건물을 올렸다. 블록은 건물의 구조가 되고, 사이 공간은 시민 누구나 이용할 수 있는 정원이자 접근부를 만든다. 건물 내부 중심부는 고깔 형태의 빈 공간이 형성되어, 1층에서도 각 층 전시품 일부를 올려다볼 수 있다. 계단형 강당은 서리풀 언덕 쪽으로 무대를 설치했는데, 자연 속 공연장을 연출했다. 6층 카페는 4개 면을 통유리로 설계해 서울 도심을 파노라마 전경으로 감상할 수 있다. 건물 전면에는 태양광 패널을 붙여 지속 가능한 디자인을 위해 혁신적 해결책을 선보였다.

서리풀 개방형 수장고는 대지와 주변 상황을 잘 포착하여 단순하고 우아한 기하학적 형태로 풀어낸 수작으로 평가받는다.

서리풀 개방형 수장고는 2028년 개관을 목표로 한다. 이 프로젝트는 서리풀 특별계획구역 개발사업의 기부채납으로 이뤄지는 사업으로 민간사업 시행자(SBC PFV)와 서울시가 상호 협의를 통해 추진되고 있다. 민간과 공공의 대화와 협력을 통해 혁신과 독창성이 실현되는 문화 아이콘이 탄생하길 기대하고 있다.

당선한 헤르조그 앤 드뫼롱의 설계안 조감도. 당선작은 자연과 도시가 만나는 경계라는 장소의 특성에서 탄생한 안이다.

주변의 자연공간은 1층으로 스며들고, 고깔 형태의 빈 공간이 수장고 층을 뚫고 전체 층의 예술품 컬렉션의 레이어를 보여준다.

세빛섬

한강 위 빛의 트라이앵글

2006년 한강 르네상스의 일환으로 착수한 세빛섬 조성 사업은 세계 최초의 수상 복합 문화공간을 만드는 도전적인 과제였다. 서울의 대표 자연경관인 한강을 중심지로 하면서도 그곳을 즐길 수 있는 쉼터를 만드는 작업이었다. 도심의 강을 만끽할 방법을 새롭게 제시하는 것은 다른 도시에도 영감이 될 수 있는 과제였다. 그렇게 '한강을 밝히는 빛'이라는 주제 아래, 재생과 순환을 상징하는 세 개의 꽃(씨앗, 봉오리, 활짝 핀 꽃)을 형상화한 디자인이 탄생했다.

한강이라는 특수한 환경은 전례 없는 건축적 도전을 요구했다. 하부 구조체를 짓는 일부터가 난제였고, 수상 건축물의 안전성 확보를 위해 한강의 평상시 유속과 풍속은 물론 홍수와 같은 비상 상황까지 고려해야 했다. 전 세계의 기술을 샅샅이 연구한 끝에 당시 최첨단 기술을 응용하여 완성했으며, 각 인공섬에는 GPS를 설치해 정확한 위치를 항상 유지할 수 있도록 했다.

세빛섬의 야간 경관은 랜드마크로서의 상징성을 더욱 부각시킨다. 경관조명은 전체 공사비의 10%를 투입할 정도로 공을 들였다. 기존의 점과 선 중심 LED 조명을 넘어서서 도광판을 활용한 면 단위 조명을 설치했다. 덕분에 건물을 감싸는 유리면의 빛이 부드럽게 확산되어, 건축물 전체가 한강 위에 떠 있는 거대한 등불처럼 보인다. 세빛섬만의 독특한 야경을 창조했다.

세빛섬은 도전적인 수상 건축 기술과 혁신적인 디자인의 만남으로 한강의 랜드마크가 되었다. 가장 큰 섬인 가빛섬은 고급 레스토랑과 웨딩홀을 갖추고 있으며, 최근에는 시민이 한강의 석양과 야경을 감상하며 휴식을 취할 수 있도록 4·5층 야외 공간을 개방했다. 채빛섬은 뷔페 레스토랑과 카페로, 솔빛섬은 전시와 이벤트 공간으로, 솔빛예빛섬은 미디어아트 갤러리로 운영되며 시민들의 발길을 끌고 있다. 세빛 ESG 컬러 페스티벌, 세빛 블루밍 가든 봄꽃 축제 등 다채로운 문화행사는 세빛섬이 한강의 랜드마크이자 시민의 일상적인 문화공간으로 역할하게 한다. 세빛섬은 각종 영화와 드라마의 촬영지로도 인기를 얻고 있으며, 2023년에는 루이비통이 잠수교 패션쇼를 마친 후 1,700여 명의 글로벌 귀빈을 초대하는 파티 장소로 이곳을 선택하며 서울의 진면목을 세계에 알리는 공간으로 주목받았다.

세빛섬은 '한강을 밝히는 빛'이라는 주제 아래, 재생과 순환을 상징하는 세 개의 꽃(씨앗, 봉오리, 활짝 핀 꽃)을 형상화했다.

노들예술섬

도시의 노래 위를 걷다

도시·건축 디자인 혁신의 선도적 사례

한강의 중심부에 자리한 노들섬은 유일무이한 지리적 위치와 풍부한 생태 환경을 품은 소중한 공간이다. 그러나 제한된 접근성과 협소한 주차 공간으로 인해 그 잠재력을 충분히 발휘하지 못하고 있다는 평가를 받아왔다. 섬이 간직한 한강의 이야기와 생태적 가치를 살리면서도, 시민이 쉽게 찾을 수 있는 공간으로 거듭나야 한다는 과제가 오랫동안 제기되어왔다.

이에 서울시는 2023년 2월 발표한 '도시·건축 디자인 혁신방안'의 첫 적용 사례로 노들섬을 선정했다. 2022년 12월부터 2023년 3월까지 노들 글로벌 예술섬 기획 디자인 공모를 통해 국내외 건축사무소의 계획안 7개를 수집한 다음 포럼과 공청회를 통해 시민 의견을 수렴했다. 이를 사업계획에 반영한 다음인 2024년 3월부터 5월까지 국제지명설계공모를 진행했다. 약 1년에 걸쳐 디자인을 중심으로 사업계획을 구체화했다.

소리와 풍경이 흐르는 섬, 노들예술섬

당선작은 헤더윅 스튜디오의 '소리풍경(Soundscape)'이다. '소리풍경'은 노들섬의 독특한 이중성에 주목했다. 도심 속 무인도처럼 고립되어 있으면서도 도로로 연결되어 있고, 한강의 중심에 있으면서도 쉽게 지나치게 되는 공간이란 해석을 통해 직접 다가가거나 만져보는 장소를 제안했다.

이를 표현하는 첫 번째 층위는 '물'이다. 수생 식물 복원과 섬을 연결하는 산책로를 통해 시민이 강과 직접 교감할 수 있는 공간을 만든다. 한국의 아름다운 산악 지형을 연상시키는 공중 보행로 캐노피는 수변공간과 지상 레벨의 프로그램을 유기적으로 연결하여 방문객이 한강을 비롯해 계절에 따른

노들섬은 서울시가 2023년 2월 발표한 '도시·건축 디자인 혁신방안'의 첫 적용 사례다. 기획 디자인 공모를 선행해 수집한 7개의 안에서 국제지명 설계공모를 진행했고, 최종 당선작은 헤더윅 스튜디오의 '소리풍경(Soundscape)'이다.

자연의 변화를 온전히 체험할 수 있도록 한다. 두 번째 층위는 '음악'으로, 노들예술섬의 뛰는 심장(a beating heart)으로 삼는다. 케이 팝(K-pop)부터 스트리트 댄싱, 클래식 공연, 트로트까지 다양한 장르의 음악이 공존하는 공간을 표방한다.

계획안은 노들섬의 기존 건축물과 현재 쓰임을 최대한 유지하면서 스테인리스 커브 메탈을 활용한 다양한 곡선 구조물로 새롭고도 환상적인 풍경을 연출한다는 점에서 높은 평가를 받았다. 심사위원장 톰 메인(미국, 모포시스 아키텍츠)은 "매우 흥미로운 대규모 프로젝트인 만큼 경계부에 대한 새로운 아이디어, 도시의 아이콘 역할, 건축과 조경 등의 관계를 고민한 결과"라고 말했다.

한강은 노래하고 섬은 춤추다

노들예술섬은 2025년 착공, 2028년 완공을 목표로 추진 중이다. 전 세계 도시가 비슷한 건물과 인프라로 획일화되어 가는 시대에 노들예술섬은 서울만의 독특한 정체성을 구현해 내는 소중한 시도다. 새롭게 태어날 노들예술섬에서 시민들은 한강을 새롭게 바라보고, 사랑하며, 그 가치를 온전히 느낄 수 있을 것이다.

당선된 계획안은 노들섬의 기존 건축물과 현재 쓰임을 최대한 유지하면서 스테인레스 커브 메탈을 활용한 다양한 곡선 구조물로 새롭고도 환상적인 풍경을 연출한다는 점에서 높은 평가를 받았다.

대관람차

서울 하늘에 창조의 원을 그리다

서울시는 월드컵공원 평화의공원에 대관람차를 설치해 도시 조망의 새로운 장을 열고자 한다. 런던아이, 싱가포르 플라이어처럼 세계 주요 도시는 대관람차를 통해 매력적인 도심 조망권을 선사한다. 한강과 월드컵공원이 만나는 서울 서북권은 서울의 산과 한강, 문화, 도심 등이 어우러진 풍경을 경험하기에 최적의 위치다. 탁 트인 시야에서 마포대교부터 가양대교까지 한강의 유려한 흐름과 상암DMC, 북한산과 덕양산의 웅장한 자태까지 한눈에 담을 수 있다. 물론 대관람차는 하늘에서 도시를 조망하는 특별한 경험을 제공할 뿐 아니라 땅에서 바라보는 서울의 스카이라인에도 새로운 활력을 더할 것이다.

지름 180m 규모로, 세계 최초로 두 개의 고리가 교차하는 '트윈휠(Twin Wheel)' 형태를 선보인다. 살이 없는(Spokeless) 디자인임에도 두 고리의 교차 구조로 안전성을 확보했을 뿐 아니라, 내·외측 휠을 동시에 활용해 탑승 인원을 늘릴 수 있어 경제성도 높다. 내진 및 내풍 안정성을 확보하는 등 기술적 완성도도 세계적 수준을 목표로 한다. 이 프로젝트는 특수목적법인(SPC)인 (가칭)서울트윈아이 에스피씨 주식회사가 제안하여 민간투자 사업방식(BTO)으로 추진하고 있다.

대관람차와 그 하부는 건축물 내부와 외부 녹지공간을 아우르는 복합문화시설로 탄생할 계획이다. 전용면적 13,880m²의 공연 및 전시장, 11,284m²의 편의시설과 함께 하늘공원과 연결하는 집라인까지 다양한 시설이 연계된다. 또한, 친환경 자율주행버스를 확대 운영하여 이용에 불편함이 없도록 시민의 접근성을 높인다. 대관람차는 하늘에서 서울을 새롭게 발견하는 여정으로 시민을 초대할 것이다.

삼표 레미콘 부지

잿빛 공장에서 생명의 숲으로

45년간 레미콘공장으로 운영된 성수동 삼표 레미콘 부지가 새로운 변신을 앞두고 있다. 2009년 한강변 높이 규제로 무산됐던 랜드마크 건설 계획이 2022년 서울시와 성동구, 삼표산업의 논의로 재추진되면서, 시민의 오랜 바람이었던 성수 공장의 폐업과 철거가 마침내 실현된 것이다.

한강과 인접하고 주변 지역 활성화를 이끌어야 하는 중요한 입지인 만큼 서울시는 이곳에 최초로 민관 협력 국제 설계공모를 진행했다. 민간 분야 '건축혁신형 사전협상'의 첫 사례로 삼표 부지 글로벌 업무지구 조성 국제 설계공모를 추진한 것이다. 세계적 건축사무소가 참여했고, 최종적으로 SOM(Skidmore, Owings & Merrill, 미국)의 '서울숲의 심장'이 당선작으로 선정됐다. 삼표 레미콘 부지와 서울숲을 유기적으로 연결하고 주변 지역 활성화 방안을 제시한 점이 높은 평가를 받았다. 선큰 광장과 덮개공원 등을 통해 지형적 한계를 극복하고, 자연과 도시가 유기적으로 연결되는 새로운 도시 경관을 만들어 냈다.

공장의 옛 주소 성수동1가 683번지에서 이름을 딴 'S683 프로젝트'로 명명된 이 계획은 두 개의 복합용도 타워를 통해 다양한 프로그램을 수용하고, 저층부를 연결해 자유로운 보행 환경을 조성한다. 선큰 광장과 타워의 고층부는 시민에게 개방해 문화 교류의 장으로 만들 예정이다. 특히 클라우드 네트워크 인프라와 AI 업무환경 지원 서비스를 갖춘 스마트 오피스를 조성해 시간과 공간의 제약 없는 새로운 업무 방식을 제안한다. 여기에 LEED 플래티넘 인증을 목표로 하는 친환경 건축을 구현해 지속 가능한 미래 도시의 청사진을 제시할 것이다.

서울시는 이 프로젝트를 통해 성수 일대를 TAMI(Technology, Advertising, Media, Information) 산업 중심의 미래 성장 거점으로 육성할 계획이다. 더불어 서울숲 일대 활성화 개발 구상을 통해, 이곳을 더블린 도크랜드나 실리콘밸리에 버금가는 혁신 산업 중심지이자 한강의 대표 수변명소로 조성한다는 야심 찬 목표를 세웠다. 2026년 착공, 2032년 완공이 목표다.

당선작인 SOM의 '서울숲의 심장' 조감도. 두 개의 복합용도 타워를 통해 다양한 프로그램을 수용하고, 저층부를 연결해 자유로운 보행 환경을 조성한다.

도시·건축 디자인 혁신

규제를 넘어서 창의 도시의 미래를

서울시는 2023년 2월 도시·건축 디자인 혁신을 위한 3대 방안을 내놓았다. 그동안 높이 제한, 건폐율, 용적률 등 각종 규제와 복잡한 심의 절차로 인해 막혀 있던 창의적 건축의 숨통을 틔우고, 여러 가지 시도를 활발하게 하기 위해서다. 런던의 30 세인트 메리 액스, 파리의 루이비통 파운데이션, 빌바오의 구겐하임 미술관…. 도심에 우뚝 선 이들은 도시의 상징이 되어 시민의 일상을 풍요롭게 하고 지역 경제의 새로운 동력이 되었다. 이런 동력을 만들려면 일단 막힌 길을 뚫어주어야 한다.

서울시가 내놓은 3대 방안은 모두 민간의 디자인적 도전을 행정이 적극적으로 지원한다는 기조하에 세워졌다. 구체적인 청사진은 이렇다. 첫째, 창의적 설계를 적극 유도한다. 공공건축물은 '선(先) 디자인 후(後)사업계획' 방식의 사전공모를 도입하고, 민간 프로젝트는 혁신 건축 디자인 제안을 통해 높이 제한 완화와 용적률 120% 상향 등 파격적 인센티브를 제공한다. 둘째, 제도 운영의 틀을 유연하게 바꾼다. 2040 서울도시기본계획이 제시한 '비욘드조닝(Beyond zoning)'을 통해 일자리, 주거, 여가, 문화가 어우러진 미래형 복합 공간을 만든다. 셋째, 행정 절차의 효율을 높인다. 위원회 간 의견 차이로 인한 설계 왜곡이나 사업 지연을 방지하기 위해 도시, 건축, 교통, 환경 분야를 아우르는 '통합심의' 시스템을 도입한다.

이미 가시적인 성과도 드러나고 있다. 2023년 8월 제1차 사업에서 성수동 'K-PROJECT 복합문화시설' 등 10개 사업을, 2024년 5월 제2차 사업에서 'Seoul Playground'(서초구), 'A Jewel for Seoul'(강남구), 'Symbiosis'(용산구) 등 9개 사업을 선정하고 용적률 완화, 신속행정 지원, 사업추진 자문 등 다양한 인센티브를 제공하고 있다. 이들 프로젝트는 혁신적 디자인으로 도시를 발전시키고 서울의 건축 문화를 한 단계 도약시키는 새로운 이정표가 되었다.

강남구 오피스텔, 문화시설
(5 Zero 청담타워)

서초구 업무시설, 운동시설, 판매시설
(Seoul Playground)

강남구 상업시설
(A Jewel for Seoul)

성동구 복합문화시설(K-PROJECT)

강남구 업무시설, 복합문화시설(Stacked City)

용산구 업무시설(Symbiosys)

chapter 6

CLIMATE& ECOLOGY

chapter 6

기후위기를 준비하는 서울의 자세

서울시의 기후 정책은 '시민의 삶에 스몄다.' 각자의 현장에서 일상을 잘 살아가는 것만으로도 자연스레 기후위기에 대응할 수 있도록 정책을 설계했기 때문이다. 기후동행카드로 대중교통을 이용해 출퇴근하는 일, 가까운 거리는 산책하듯 걷거나 따릉이를 이용하는 일, 에너지 사용을 줄여 공과금을 절약하는 일… 도시민의 평범한 일상이 모여 서울에 최적화된 기후위기 대응을 만들어 내고 있다.

Story

천만도시 서울,
기후위기에 응답하다

"기후위기는 점점 더 두려운 모습으로 우리 곁에 다가오고 있습니다. 이 기후위기의 이면에는 위험의 불평등이 자리하고 있습니다. 사회적인, 또 국가적인, 나아가 세계적인 불평등을 극복하지 않고서는 온전한 의미에서 기후위기를 극복할 수 없습니다. 서울시는 기후정책에서도 약자와의 동행 가치를 담아 기후 약자와 함께하는 기후 동행에 중점을 두고 있습니다."

"우리집은 따세권이야!"

언제부턴가 '따세권'(따릉이 대여소가 가까운 곳)이란 말이 어색하지 않고, 부러움의 의미를 담은 말로 사용되는 걸 듣는다. 역세권에 살려면 돈이 많이 필요하지만 따세권은 그렇지 않다. 따릉이는 서울 곳곳에 촘촘히 자리 잡고 있으니까. 그런데 사람들은 왜 따릉이를 탈까?

단순하다. '내가' 좋아서 탄다. 거창한 결심을 하고 따릉이를 타는 사람은 드물다. 스스로 즐거워서, 편리해서 탔는데 타다 보니 환경 보호에, 기후위기 대응에 동참하고 있다. 이끌린 마음이 선한 결과로 이어지는 최상의 구조다.

서울이 본격적으로 기후위기에 대한 사회적 책임을 인식하고 대응하기 시작한 건 1990년대 중반부터다. 서울은 세계적인 수준의 대중교통 시스템과 분리수거 정책을 갖췄고, 시민참여형 에너지 절약 프로그램 '에코마일리지', 친환경 교통수단 '따릉이' 등 서울의 기후위기 대응은 그 어떤 정책보다 빠르게 시민의 삶에 스몄다.

서울시 기후 정책이 '시민의 삶에 스몄다'고 표현한 데에는 그만한 이유가 있다. 각자의 현장에서 일상을 잘 살아가는 것만으로도 자연스레 기후위기에 대응할 수 있도록 정책을 설계했기 때문이다. '기후동행카드'로 대중교통을 이용해 출퇴근하는 일, 가까운 거리는 산책하듯 걷거나 따릉이를 이용하는 일, 에너지 사용을 줄여 공과금을 절약하는 일… 도시민의 아주 평범한 일상들이 모여 서울에 최적화된 기후위

청계천의 2004년(위)과 2020년(아래) 모습. 민선 3기(2002~2006년)에
도로에 덮여있던 청계천을 복원했다.

"서울시는 '자연과 사람이 조화롭게 공존하는 환경도시'를 꿈꿉니다. 대기질을 획기적으로 개선하고, 100만 평 규모의 공원녹지를 조성하여 '환경 일류 도시 서울'로 한 걸음 나아가겠습니다."

기 대응을 만들어 내고 있다.

처음부터 그랬던 것은 아니다. 오늘의 서울은 성장과 그간의 실수에서 배운 학습이 가져다준 긍정적 결과다. 서울은 6.25 전쟁 후 반세기 만에 서울은 인구 천만 명 규모로 성장했다(24년 9월 현재 935만 명). 전후 일자리를 찾아 서울로 수많은 인구가 몰려들었기 때문이다. 높은 인구밀도는 필연적으로 에너지 소비를 높이고 대기오염 문제를 불러왔다. 산업화가 한창이던 1960~1980년대, 서울에서는 스모그 현상이 빈번했으며, 아침에 입고 나간 와이셔츠 깃이 저녁이면 까맣게 변하는 일이 흔했다. 멀리 갈 것도 없이 2005년까지만 하더라도 서울의 미세먼지 농도는 세계보건기구(WHO)의 대기질 기준을 크게 초과할 정도로 심각했다.

서울의 상징이자 주요 용수 공급원인 한강 역시 도시화로 인한 오염을 피할 수 없었다. 공장 폐수와 가정의 하수가 무분별하게 방류되면서 수질이 급격히 악화되었고, 한강 개발 과정에서 강 주변 생태계가 파괴되기도 했다. 시민들이 자유롭게 수영하고 빨래하던 한강의 모습은 더 이상 찾아볼 수 없게 되었다. 그러나 당시에는 경제개발과 성장이 우선시되었기 때문에 환경 파괴에 대한 문제의식은 뒷전으로 밀려났다. 한강 오염의 심각성은 뒤늦게 인식되며 사회적 논의가 이뤄졌고, 그 반성의 토대에서 이룬 것이 지금의 성과들이다.

서울시는 2024년 '서울 정원도시 프로젝트'를 발표하며, 서울을 하나의 거대한 정원으로 조성하겠다는 구상을 밝혔다. 이를 통해 최종적으로 기후 위기에 입체적이고 복합적으로 대응하는 도시를 만들고자 한다. 걷고 싶은 환경이 조성되면 자연스럽게 승용차 이용이 줄어들고, 결국 그것이 '기후위기를 극복하는 해법'이 될 수 있다. 서울에서의 삶을 충분히 누리고 즐기는 것, 그 자체로 이곳의 기후위기 극복에 기여할 수 있다니 매력적인 제안이다.

매년 상승하는 지구 온도와 빈번해지는 가뭄, 대홍수를 목격하며, 도시민으로서 느끼는 경각심과 책임감은 더욱 커지고 있다. 매일매일의 숨가쁜 일상을 포기할 수는 없기에, 시민들 개인의 실천에 앞서 도시가 먼저 나서야 한다. 이에 서울시는 시민들의 일상 속에 자연스럽게 스며드는 기후위기 대응 정책을 지속적으로 고민하고 추진해 나갈 계획이다.

기후 위기 대응 정책의 첫걸음

시민의 손으로 직접 시장을 선출하는 민선 시대가 도래하면서, 서울 도시계획 또한 개발 중심의 기조에서 벗어나 '새로운 패러다임'이 필요해졌다. 성수대교와 삼풍백화점의 붕괴와 같은 대형 참사와 경제위기를 겪으며, 무분별한 성장과 개발 속에서 놓쳐왔던 가치들을 다시금 되돌아보게 되었다. 정책 입안자들은 도시를 살아가는 시민들의

월드컵공원 내 평화의공원(위)과 하늘공원(아래). 난지도 생태공원 조성사업은 민선 2기(1998~2002년)에 이뤄졌다.

삶의 질, 행복과 만족 같은 가치에 점차 주목하기 시작했다.

민선 1기(1994~1998년) 서울시는 환경보존을 위해 환경기본조례(1996년)와 환경헌장(1996년)을 제정했다. 또한 녹색서울시민위원회를 발족하는 등 민관 협력을 통한 도시환경 개선을 추진했다. 민선 2기(1998~2002년)는 생명의 나무 천만 그루 심기 사업(1998~2002년)을 진행하는 등 녹지공간 확충에 주력했다. 민선 3기(2002~2006년)는 오물과 악취로 죽어 있던 청계천을 복원(2003~2005년)하고 서울광장을 조성(2004년)해 서울의 경관을 획기적으로 변화시켰다. 또한 버스 전용차로와 통합환승할인제도를 도입하는 등 대중교통체계를 전면 개편(2004년)하여 시민들의 교통비 부담을 줄이고 만족도를 높였다.

도시 경관을 변화시키는 것을 넘어, 국제적 기준을 도입해 서울의 환경 문제에 적극 대응하기 시작한 것은 민선 4기(2006~2010년)부터였다. 서울시는 서울 시민의 삶의 질을 높이기 위한 방안으로서 환경 정책을 강조하고 적극 도입했다. '서울 친환경 에너지 선언'(2007년), '맑은서울2010 특별대책'(2007년), '녹색성장 5개년 계획'(2009) 등을 발표하며, 서울시는 다양한 기후변화 대응 정책들을 강력하게 추진해 나갔다. 생활권 녹지 확충 사업(2006년), 생활권 자전거이용 활성화사업(2007년), 서울 시내버스 전면 천연가스 교체사업(2007년), 노후경유차 저공해조치 의무화(2008년), 에코마일리지 제도 도입(2009년) 등 현재 서울을 특징짓는 환경 정책의 기초가 이 시기부터 도입되었다. 또한, 서울시는 2008년에 〈기후변화대응조례〉를 수립했는데, 기후변화 관련 상위법이 없는 상황에서 전국 최초로 저탄소 조례를 도입했다는 점에서 큰 의미를 가진다.

탄소중립을 위한 서울의 녹색건축

기후위기의 책임에서 완전히 자유로운 사람은 없다. 인간은 기본적인 삶을 유지하는 것만으로도 막대한 에너지를 소비한다. 냉난방에 드는 에너지를 비롯해서 노동, 위생 유지 활동, 여가 활동 등 모든 활동에 에너지가 든다. 물론 개인 차원의 에너지 절감 노력이 중요하지만, 건물의 설비와 에너지 관리 시스템이 이미 노후화되었다면, 혹은 재개발과 신축 과정에서 에너지 절감을 위한 최소한의 고려조차 이루어지지 않는다면, 개인의 노력만으로는 한계가 있다. 이는 서울시가 에너지 절감을 위한 건축물 정책들을 세심하게 설계하는 이유다.

건축 부문 에너지 소비량은 서울시 전체 에너지 소비량의 약 60%를 차지하며, 온실가스 배출량의 약 69%가 건물에서 발생하고 있다. 이는 건축 부문에서 에너지 소비와 온실가스 배출을 줄이는 것이 서울시 전체의 감축 목표 달성에 결정적인 역할을 한다는 의미다.

이에 서울시는 2007년 〈성능 기반 친환경·에너지 건축물 설계 가이드라인〉을 도입한 것을 시작으로, 녹색건축물 활성화를 위한 설계 기준을 지속적으로 개정해왔다. 특히 2022년 발표한 〈서울시 기후변화대응 종합계획(2022~2026)〉에서는 노후 건축물 100만 호를 단열 성능 개선과 리모델링을 통해 저탄소 건물로 전환하는 계획을 포함했다.

여기에 그치지 않고 서울시는 건축 자재 부문에서도 목조건축을 활성화하는 등 선제적으로 대응 중이다. 목재는 철근, 콘크리트 등 다른 재료에 비해 제조 과정에서 탄소배출과 에너지소비량이 적으며, 그 자체로 대기 중의 탄소를 흡수, 저장할 수 있어 기후위기 대응에 유용한 건축 자재이기 때문이다. 뿐만 아니라 목재는 단열이 좋아 냉난방 에너지를 절감하며, 심미적인 것은 물론이고 내구성,

월드컵공원 내 평화의공원에
있는 서울에너지드림센터

서울에너지드림센터
제로에너지건축물(ZEB)
디자인클래스

강서구 화곡본동에 위치한
초록동경로당

> "서울로 출퇴근하는 모든 사람이 서울 시민입니다. 이들의 고단함을 더는 건 분명히 서울시의 몫입니다. 동행버스도 기후동행카드도, 최종 목표는 수도권 전체로 확대하는 것입니다. 대중교통 이용률이 상승하면 경제적 부담이 줄어드는 것은 물론이고 기후위기에도 기여할 수 있습니다."

습도 조절 능력, 내진 성능 등에서 월등하게 우수하다. 목조건축 활성화를 위한 시범사업으로 현재 '서울시립도서관(동대문) 건립 사업'이 추진되고 있으며, 목조와 친환경 건축기법을 결합한 '하이브리드 공법'으로 2025년 하반기 착공 예정이다.

'서울형 에너지절감시스템(SEMS)'도 있다. 기존 건물 운영에 도입한 혁신적인 에너지 관리 방안으로, 원격시스템을 이용한다. 이를 통해 경로당의 에너지 소비를 효율적으로 관리한다. 대부분의 경로당은 관리자 부재로 냉난방기구와 조명에 쓰이는 에너지를 불필요하게 낭비하는 경우가 많다. 반대로 난방비 절감 차원에서 보일러를 완전히 끄고 귀가할 경우, 사용 전에 미리 예열해 놓기가 어려워 다음날 일찍 온 어르신들이 한참 동안 실내에서 춥게 지내야 하는 문제도 있다. 이에 냉난방기기, 조명 등을 클라우드 기반 통합 운영센터에서 원격으로 제어해 주는 시스템을 경로당에 도입했다.

서울시의 '녹색건축' 정책은 에너지와 비용 절감을 위해 현재의 삶을 제한하고 옥죄는 식의 정책이 아니다. 이 정책의 의미는 눈에 보이는 수치 너머에 있다. 바로 그 장소에서 살아가는 사람들, 특히 노인과 어린이 등 사회적 약자의 삶을 더 풍성하게 하고 안전하게 만들자는 게 서울시가 향하는 방향이다.

일상 속 녹색교통 패러다임으로의 전환

서울로 출퇴근하는 모든 사람이 서울 시민이라는 생각으로, 서울시는 사람들의 고단함을 덜고자 했다. 서울시는 동행버스와 기후동행카드 모두 최종적으로는 수도권 전체로 확대하고자 한다. 대중교통 이용률이 상승하면 경제적 부담이 줄어드는 것은 물론이고 기후위기에도 기여할 수 있다는 판단에서이다.

지금 이 순간에도 수많은 사람이 서울 곳곳을 이동하고 있다. 서울은 심각한 교통체증과 대기오염으로 몸살을 앓고 있다. 서울시 교통량은 평균적으로 전국 교통량의 약 20~25%를 차지하며(지하철, 버스 등의 대중교통 이용률 포함), 수도권에서 서울로 진입하거나 서울에서 다른 지역으로 나가는 통근 교통량까지 고려하면 더 높은 비중을 차지할 것으로 예상된다. 활발한 도시의 숙명일까? 일터로, 집으로 이동할 뿐인데, 화석연료를 사용하는 교통수단으로 인해 우리는 모두 대기오염에 일조한다. 그렇지만 생업으로 바쁜 현대인이 이동을 멈출 수도 없는 노릇이다.

서울시는 문제를 타개하기로 했다. 대한민국 제1도시의 특성을 고려하면서도, 선진적인 대중교통 시스템과 친환경 교통 정책을 마련하여 길을 찾는다.

서울시는 2007년(민선 4기) 대기를 선진국 수준으로 개선하기 위한 4개년 특별대책인 '맑은서울 2010'을 발표했다. 맑은서울2010의 10대 핵심과제 중 절반을 차지할 정도로 비중 있게 다룬 교통

노량진역 버스정류장. 서울의 대표적인 친환경 교통수단인 '친환경 수소버스'와 중앙버스전용차로의 모습

2024년 도입된 '기후동행카드'로 서울 시내 지하철, 시내 및 마을버스, 공공자전거 따릉이를 일정 요금으로 한 달 동안 무제한 사용할 수 있다.

따릉이 대여소 위치도와 따릉이

과제는 대기오염의 개선이 핵심이다. 서울에서 배출되는 대기물질의 약 67%가 자동차에서 발생하고 있기 때문이다. 그래서 서울시는 그 해법으로, 화석연료로 움직이던 기존의 서울 시내버스를 천연가스 버스로 교체하기 위해 인센티브제를 대대적으로 도입하는가 하면(2007년), 노후경유차 저공해조치를 의무화하고(2008년), 대기질 개선을 위해 배출가스 5등급 차량의 도심 운행을 제한하는 등 미세먼지 계절관리제(2019년)를 매년 시행하고 있다. 또한, 생활권 자전거이용 활성화사업(2007)의 일환으로 자전거 도로망을 확충하였는데, 프랑스 파리의 공공자전거 '벨리브'에서 착안한 공공자전거시스템 도입 논의도 이 시기에 이루어진다. 이 시스템은 현재 '따릉이' 제도의 모태가 됐다.

이런 바탕 위에, 위에서 언급한 친환경 교통 정책을 더욱 유기적으로 연결하려 도입한 제도가 하나 더 있다. 서울 시내 지하철, 시내 및 마을버스, 공공자전거 따릉이를 일정 요금으로 한 달 동안 무제한 사용할 수 있도록 도입된 '기후동행카드' 제도(2024)다. 시민 편의 증진이란 목적도 있지만, 배경에는 '기후위기에 대한 대응'과 '약자와의 동행'이라는 민선 8기 시정 철학이 자리 잡고 있다.

사람들의 삶과 이동은 멈출 수 없다면, '동행'으로 기후위기와 사회적 위기에 대응하는 방안을 찾아내야 한다. 활력 넘치는 도시에서의 삶은 계속될 테고, 그래야 하니까.

세계와의 연대와 협력

급속한 도시 팽창과 이로 인한 환경 오염은 비단 서울만의 문제는 아니다. 도시화로 인한 폐해는 하루아침에 해소될 수 있는 문제가 아니며, 한두 도시의 노력만으로 막을 수 있는 문제도 아니다. 도시화로 인한 기후위기의 문제는 초지역적, 초국가적인 연대를 통해서만 해결할 수 있다.

기후변화 대응을 위한 세계 주요 대도시들의 네트워크인 C40 기후리더십그룹에 서울시도 한 주체로 참여하는 이유다. 서울시는 2006년부터 전 세계 도시들과 함께 기후위기에 공동으로 대응하는 방안을 논의하고 있다. 뉴욕, 도쿄, 파리 등 유수의 도시들로부터 배워야 할 점도 있지만, 역으로 서울의 기후위기 대응 제도와 정책이 타 도시 시장들에게 놀라움을 자아내기도 한다.

서울의 기후위기 대응 정책이 다른 도시의 정책에도 귀한 마중물이 되기를, 전 세계적인 연대와 협력의 흐름 속에 자리하기를 바라 본다.

MAP

CLIMATE&ECOLOGY

53
교통 /
따릉이 & 나눔카

54
교통 / 기후동행카드

55
건축물 /
경로당 SEMS

56
건축물 /
제로에너지건축물(ZEB)

57
건축물 / 녹색건축물
& 목조건축물 활성화

58
건축물 /
저탄소건물 100만 호

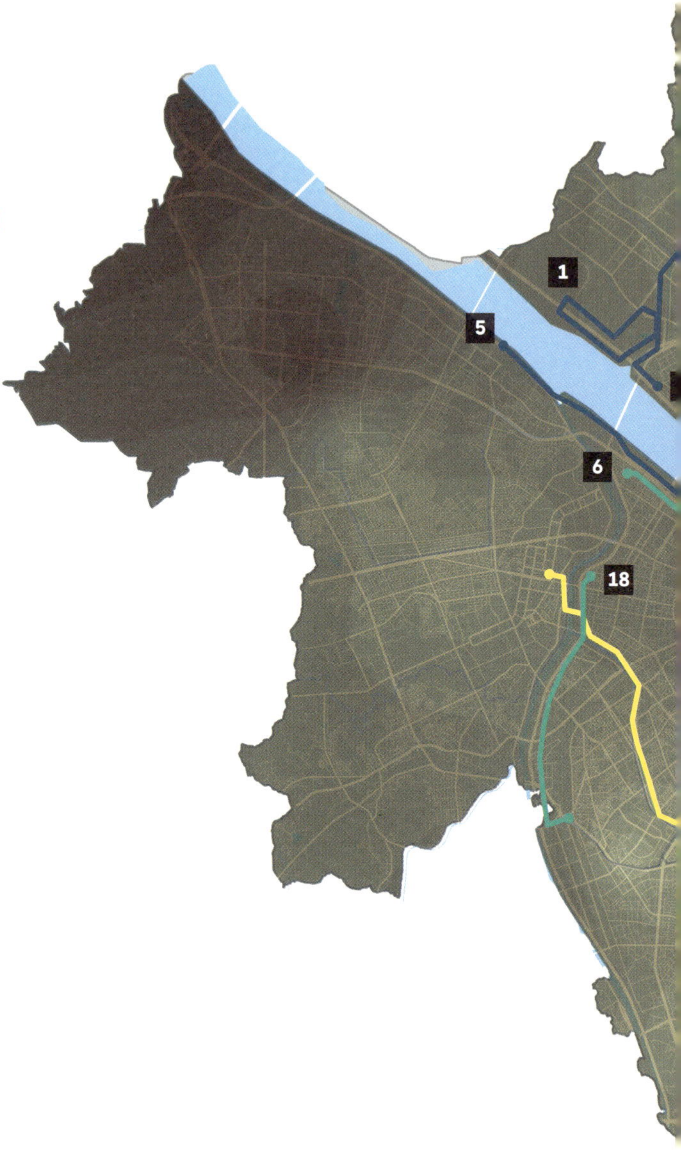

μg/m3·yr

37 52

서울의 미세먼지 | 환경부 국립환경과학원, 대기오염측정자료, 2012년

16
8
4
20
57 서울 시립도서관(동대문)
10
13
19
3
11
12
7
14
17
15
1 ~ 20 따릉이길 20코스

따릉이 & 나눔카

서울시가 선도하는 모빌리티 트렌드

뒤바뀐 출퇴근 풍경 - 따릉이

공공자전거 '따릉이'는 서울시의 대표적인 히트 정책 중 하나다. 2010년 첫 시범 도입 이래 회원 수는 476만 명을 넘어섰고, 누적 대여 건수는 2억 2천만 건을 넘겼다(2024년 12월 기준). 서울시민 한 명당 20번가량 이용한 셈이다. 양적 수치에서만 두각을 드러낸 것은 아니다. 시민들이 뽑는 우수 정책 투표에서도 2017~2019년도 연속 1위를 차지하였으며, 2024년 정부혁신 최초·최고 사례 공모에서 '최고 사례'로 선정된 만큼 실수요자들의 만족도가 높은 정책이다. 이 같은 따릉이의 인기에 힘입어 공공자전거 정책은 전국 지자체에 빠르게 퍼져나갔다.

'따릉이'의 시작은 지난 2007년으로 거슬러 올라간다. 서울시는 프랑스의 공공자전거 '벨리브'(vélib)를 벤치마킹해, 필요한 곳에서 빌려 탄 뒤 목적지에서 바로 반납하는 신개념 공공자전거 서비스를 서울 전역에 도입할 예정이라고 발표했다. 또한 같은 시기에 서울시는 자전거 이용 활성화를 위한 종합계획을 수립하고 도심에서 서울시 전역을 단절 없이 연결하는 촘촘한 자전거도로망 형성을 목표로 2024년까지 자전거도로 총연장 1,363km를 구축했다. 자전거 이용 활성화를 통해 탄소중립을 실천하고 시민들의 편의를 증진하겠다는 서울시의 의지에 힘입어, 따릉이는 서울을 대표하는 친환경 교통수단으로 자리 잡았다. 최근 이용 분석에 따르면, 이용량이 전반적으로 증가한 가운데 특히 주중 '출퇴근 시간' 이용이 크게 늘었는데, 따릉이가 단순 레저용이 아니라 일상 속 이동을 위한 '교통수단'으로 정착했음을 확인할 수 있는 대목이다.

서울시는 2021년 자전거 6천 대 추가 도입, 대여소 및 거치대 추가 설치, 자전거도로 확충 등을 골자로 하는 따릉이 시즌2를 선언했다. 또한 최근 기후변화 대응과 대중교통 이용을 촉진하기 위해 도입한 '기후동행카드' 이용 범위에 따릉이 서비스를 연계했다.

언제 어디서든 - 나눔카

따릉이와 함께 시민의 발이 되어준 친환경 교통수단이 하나 더 있다. 바로 서울시 공유차서비스 '나눔카'다. 나눔카 서비스를 추진한 이유는 사람들이 쓰지 않는 차량을 보유하지 않게 유도하고, 승용차 이용 접근성이 낮은 계층에 교통서비스를 제공하기 위해서다. 나눔카 서비스는 2012년 발표한 〈승용차 공동이용 활성화 추진계획〉에 따라 2013년부터 시작했다. 여러 카셰어링 업체(그린카, 쏘카 등)와 협력해 서울 전역에서 운영했고, 2년 반 만에 195만 명 넘는 이용자를 기록했다. 2015년 10월 기준, 하루 4천 명 넘는 시민들이 활용한 것이다.

나눔카는 경제적 이점과 이용 편의뿐 아니라 기후위기 대응에서도 탁월한 효과를 보였다. 2014년 서울연구원의 나눔카 운영실적 연구 결과에 따르면, 나눔카 1대를 이용하면 승용차 8.5대 감소 및 억제와 동일한 효과를 기대할 수 있으며, 연간 289억 원 이상의 가계지출 절약 효과가 있다고 한다. 또한 자동차 온실가스 배출량을 연간 486톤 감축할 수 있어 대기환경 개선 효과를 기대할 수 있다고 분석했다.

서울시는 나눔카 활성화를 위해 다방면의 노력을 병행했다. 우선 주거지와 업무단지에 위치한 공영주차장을 확보했다. 사업자별로 달랐던 회원카드를 티머니교통카드로 통합하고, 유가 변동에 따라 주행요금을 탄력적으로 조정했다. 또한, 협력하고 있는 민간사업자별로 일정량 이상을 친환경 차량으로 확보하게 해, 나눔카의 49%가 경차·전기차·하이브리드 등 친환경 차량으로 운영됐다(2015년 기준).

나눔카 서비스는 2023년 끝났지만, 따릉이와 나눔카의 철학은 이어진다. 서울시의 친환경 공공교통 정책은 앞으로도 더 첨예한 이슈가 된 기후위기에 가장 인간적이고도 일상적인 방식으로 대응해 갈 것이다.

따릉이는 서울을 대표하는 친환경 교통수단이다. 2024년 12월 기준 회원 수는 476만 명을 넘어섰고, 누적 대여 건수는 2억 2천만 건을 넘겼다.

나눔카 서비스는 2012년 발표한 〈승용차 공동이용 활성화 추진계획〉에 따라 2013년부터 시작했다.

기후동행카드

화석에너지에서 친환경으로의 환승

2024년 1월, 서울시는 기후동행카드를 출시했다. 기후동행카드를 사용하면 대중교통 통합정기권 1회 요금 충전으로 30일간 대중교통(지하철, 버스)을 무제한 이용할 수 있으며, 요금제에 따라 공유자전거 따릉이도 이용할 수 있다. 19~39세 청년은 할인 금액으로 이용할 수도 있다. 이런 파격적 구상은 전국 최초다.

기후동행카드 시범사업 기간(2024년 2월~6월)의 효과성을 분석한 서울연구원 자료에 따르면, 기후동행카드는 6월 30일까지 총 2억 3백만 건이 사용되었으며, 누적 결제액은 2,220억 원 수준이다. 대중교통 사용금액이 6만 5천 원 이상인 서울 시민 중 36.9%가 기후동행카드를 이용하고 있으며, 특히 출퇴근 등 정기적 통행이 많은 시간대에 기후동행카드 이용 비율이 높았다.

이처럼 시행 직후부터 꾸준히 사용량이 증가하고 있는 기후동행카드는 환경적으로도, 경제적으로도 파급효과가 상당하다. 승용차 이용 빈도와 거리를 감소시켜, 현재와 같은 이용이 지속되면 연간 약 3만 2천~5만 5천 톤의 온실가스 감축 효과가 있을 것으로 예상된다. 또 기후동행카드 시범사업 기간 동안 절감된 교통비의 경제적 효과는 서울 1,565억 원, 전국적으로는 2,263억 원이다. 기후동행카드로 인해 증가한 활동·소비의 생산유발 효과까지 감안하면, 연간 수조 원이 넘는 가치를 창출할 것으로 예상한다.

기후동행카드는 기후·약자와 동행하겠다는 서울시의 정책 기조도 담고 있다. 또한 수도권에서 서울로 통근하는 주민들에게까지 교통 편의와 혜택을 확대하고 있다. 민생 사각지대 해소와 탄소중립 목표는 서울의 노력뿐 아니라 지역의 경계 없이 모두가 함께해야 하기 때문이다.

기후동행카드는 환경적으로도, 경제적으로도 파급효과가 상당하다. 승용차 이용 빈도와 거리를 감소시켜, 현재와 같은 이용이 지속되면 연간 약 3만 2천~5만 5천 톤의 온실가스 감축 효과가 있을 것으로 예상한다.

경로당 SEMS

IoT를 접목한 원격 관리 시스템

취약한 사람들에게 덥고 추운 문제는 때론 쾌적함과 불쾌함 차원 이상의 것이다. 그런 의미에서 경로당의 체온은 최전선이다. 가뜩이나 지구 기온이 들쭉날쭉 널을 뛰는 시대에, 극심한 추위와 더위로부터 대피해 몸을 보호할 수 있는 안식처이기도 해서다. 이름은 경로당이지만, '체온 보존실'로서의 중요성도 다시 새겨야 하는 장소다. 그리고 서울시는 일찍이 그 의미를 알아봤다.

서울시는 냉·난방기기, 조명 등을 자원공유(클라우드) 기반 통합운영센터에서 원격으로 제어해 주는 '서울형 에너지절감시스템(SEMS, Seoul Energy Management System)'을 2023년 2월 경로당에 도입했다. 전기·가스를 효율적으로 사용해 에너지 낭비를 막고 어르신들이 더욱 쾌적하게 지낼 수 있는 환경을 조성한다는 취지에서다.

이를 도입하게 된 계기는 이렇다. 경로당은 지자체와 국가 예산을 지원받아 운영된다. 제한된 예산 안에서 운영해야 해서, 어르신들은 대개 냉난방을 최소한으로 가동하려 한다. 그런데 그렇게 노력해도 에너지는 종종 낭비됐다. 경로당은 보통 책임지고 지키는 관리자가 없기에 마지막에 나가는 사람이 깜빡하고 냉난방기와 전등을 끄지 않으면 밤새 에너지가 낭비됐다. 특히 혹한기에 그런 상황이 반복됐다. 이런 문제를 해결하려고 서울시는 원격 제어 시스템을 마련한 것이다.

서울형 에너지절감시스템은 문 열림 및 움직임 감지를 통해 경로당에 남아 있는 사람이 있는지 파악하고, 중앙시스템에서 에어컨·조명·보일러 등을 원격으로 제어해 에너지 낭비를 방지한다. 계절별로 어르신들의 경로당 출입 시간을 분석해 운영시간을 설정하고, 경로당 이용 전 냉난방 기기를 가동해 최적의 실내 온도를 유지할 수 있게 한다.

이렇게 하면 어느 정도의 절감 효과를 기대할 수 있을까? 참고할 수 있는 예로 GS 편의점은 지난 2015년 IoT 기술을 접목한 원격 점포 관리 시스템을 구축해 전국 1만여 개 점포에 순차적으로 적용했다. 관계자는 2015년부터 2025년까지 누적 400억 원 규모가 절감될 것으로 예상했다.

서울시에는 공공과 민간을 합쳐 약 3,740여 곳의 경로당이 있다. 서울시는 2023년부터 약 740여 곳의 구립 경로당에 서울형 에너지절감시스템을 시범 적용하기 시작해, 2026년까지 전수 확대해 갈 계획이다. 적어도 이곳에서만큼은 어르신들이 돈 걱정 없이 더울 때도 시원하게, 추울 때도 따뜻하게 지낼 수 있게 해드릴 수 있지 않을까?

서울시는 냉·난방기기, 조명 등을 클라우드 기반 통합운영센터에서 원격으로 제어해주는 '서울형 에너지절감시스템(SEMS)'을 2023년 2월 경로당에 도입했다. 사진은 서대문구의 백련경로당

2022년 당선된 청담동 재너머경로당 투시도

제로에너지건축물(ZEB)

지속가능한 서울의 필요조건

제로에너지건축물(ZEB, Zero Energy Building)은 건물 내에서 소비되는 에너지와 자체 생산되는 에너지가 균형을 이루도록 설계된 건축물이다. 건축물 단위에서 에너지 자급을 실현하고 탄소 배출을 최소화하려는 녹색건축의 일환이다. 서울시는 녹색건축물 보급 활성화를 위해 2009년부터 취득세 감면, 재산세 감면, 용적률 상향 등의 인센티브를 제공한다. 서울시의 노력은 최근 한 단계 더 나아간다. 2020년부터 연면적 1,000m² 이상 공공건축물에 제로에너지건축물 인증을 의무화했다.

제로에너지건축물은 크게 네 가지 축으로 성능 향상을 실현해 간다. 단열과 일사 유입 등을 강화하고(건축 성능 강화), 공공임대주택 내 빌트인 가전을 포함하여 고효율 설비를 의무화하며(설비 효율 강화), 건물일체형 태양광 설비 등을 통해 에너지 자립률을 향상시키고(신재생 생산 강화), 수질 및 공기질을 향상시키고 쓰레기 처리 방안을 강화(환경 성능 강화)하는 것이다. 제로에너지빌딩 인증 등급은 에너지 자립률 120% 이상인 플러스 등급부터 에너지 자립률 20% 이상인 5등급까지 6단계로 구분되는데, 서울시는 2050년까지 장기적·단계적으로 의무 등급을 높여갈 예정이다.

서울시의 연간 온실가스 배출 중 약 69%가 건물 부문에서 배출되고 있는데, 이는 전 세계 수치(40%) 및 국내 수치(24.7%)와 비교했을 때에도 압도적으로 높다.(출처 서울에너지드림센터) 건물 자체가 환경에 끼치는 영향이 상당한 가운데, 기후변화의 영향은 다시 건물로 돌아오고 있다. 폭염·한파·폭우·폭설 등 이상 기상 현상은 건물에 재산상의 피해를 줄 뿐 아니라, 거주 쾌적성을 떨어뜨리고, 건물의 냉난방 에너지 수요를 더 높인다. 건축물 단위에서 에너지 자급률을 높이고 탄소 배출을 최소화하는 제로에너지건축물은 건축물의 수명을 늘리는 동시에, 도시와 지구의 지속 가능성을 위한 최소한의 필요조건이 되어 줄 것이다.

제로에너지건축물 정책에 따라 2024년 리모델링이 완료된 북부기술교육원의 전과 후의 모습

서울시의 연간 온실가스 배출 중 약 69%가 건물 부문에서 배출되고 있다. 이에 따라 2020년부터 연면적 1,000m² 이상 공공건축물에 제로에너지건축물 인증을 의무화했다.

녹색건축물 & 목조건축물 활성화

건축물이 바뀌어야 지구가 산다

녹색건축물

서울시는 2050년 탄소중립 목표 달성을 위한 비전을 '녹색건축'에서 찾는다. 녹색건축물은 에너지 절약과 환경 보전을 달성할 수 있도록 설계·시공·운영·유지보수 후 해체까지 고려하며, 건물 사용자의 건강증진에도 기여하는 것을 목표로 한다. 즉 사람과 환경, 미래까지 두루 생각하는 건축물이다. 서울시의 건축 비전 안에는 '일반건축'과 '녹색건축'이 따로 있지 않다. "2050년 녹색건축물 100% 보급"을 목표로 〈제2차 서울특별시 녹색건축물 조성계획(2022~2026)〉을 수립하는 등 어느 도시보다도 더 강력한 의지를 보이고 있다. 이 조성계획은 신축 민간 건축물에 대한 제로에너지건축물 설계 의무화, 기존 건축물 성능 보강 등을 골자로 한 5대 전략과 17개 정책과제를 포함한다.

녹색건축물은 제로에너지건축물을 포함해 신재생에너지의 사용비율이 높고 온실가스 배출을 최소화하는 건축물을 말한다. 녹색건축물 인증을 받은 전국 5,777동의 건물 가운데 1,811동이 서울에 있는데(2020년 기준), 2022년 대한민국 녹색건축대전에서 국토부 장관상을 수상한 서울에너지드림센터가 대표적이다.

녹색건축물은 단기적 효과와 중장기적 효과 모두를 담보한다. 건물 사용자와 소유주에게 전기·가스 등 운영비용을 절감해 주고, 장기적으로는 건물 가치의 상승효과를 가져다준다. 초기 투자비를 만회하는 것 이상의 가치를 보장하기에 현실적 유인이 높다. 무엇보다 서울시 온실가스 배출량 중 건물 분야가 가장 높은 비중(약 69%)을 차지하는 현실을 고려할 때, 서울시의 녹색건축 관련 계획은 다른 어떤 정책보다 '기후위기로부터 안전한 서울'을 만드는 데 효과적인 정책 대안이 되어줄 것이다.

목조건축물 활성화

건물 안에서 사용하는 에너지에서만 온실가스가 발생하는 것은 아니다. 건축 자재의 제조 과정에서부터 이후 해체 과정까지, 건축의 전 과정에서 온실가스가 발생하고 있다. 일례로 시멘트 제조 시 발생하는 온실가스는 전 세계 온실가스 배출량의 7~8%를 차지할 정도로 비중이 크다.

서울시가 녹색건축물 활성화의 일환으로 목조건축물에 주목하는 이유가 바로 여기에 있다. 목조건축은 탄소 흡수 능력이 떨어진 노령화 수목을 건축물 자재로 사용하는데, 재료 가공에서부터 시공, 해체 과정에 이르기까지 모두 타 자재 대비 탄소 발생을 획기적으로 줄일 수 있다. 환경적인 면에서만 우수한 것도 아니다. 인장강도, 압축강도, 휨강도에서도 콘크리트 무게 대비 훨씬 우수하며, 단열이 잘 돼 냉난방 에너지를 절감한다. 심미적인 것은 물론이고 내구성, 습도 조절 능력, 내진 성능 등에서도 탁월하다.

서울시는 공공 목조건축에 대한 자문을 위해 목조건축협회, 목재공학회, 기술인협회 등 관련 기관 전문가로 구성된 '서울시 목조건축전문 자문단'을 운영 중이며, 목조건축 활성화를 위한 시범사업으로 현재 '서울시립도서관(동대문) 건립 사업'을 추진하고 있다. 목조건축은 노령화 수목을 어린 수목으로 대체하여 건강한 숲을 조성하고, 여기서 나온 목재를 지속 가능한 녹색건축에 활용하는 선순환 구조를 만들어 낸다. 이러한 목조건축의 선순환을 통해, 서울시가 저탄소 친환경 도시의 비전을 한 차원 더 높게 구현해 낼 수 있길 바라본다.

2023년 진행된 목조건축 활성화를 위한 시범사업인 '서울 시립도서관(동대문) 건립 사업'의 당선작 투시도
당선사는 소솔건축사사무소 컨소시엄(컨소시엄 참여사: 소솔건축사사무소, (주)가와종합건축사사무소, (주)솔토지빈건축사사무소, (주)범건축종합건축사사무소)

저탄소건물 100만 호
탄소중립을 위한 열쇠

기후위기로 지구 곳곳에서 이상기후와 재난이 발생하는 지금, 탄소중립 정책이 큰 이슈이다. 그런데 이 탄소는 어디서 나오는 것일까? 2019년 기준 서울시 온실가스 배출량 중 약 69%는 바로 건물 부문에서 배출되고 있었다. 그러니 해당 부문에서 온실가스를 줄이는 것만으로도 전체 배출량 감소에 긍정적인 영향을 끼칠 수 있다. 서울시는 온실가스 30% 감축을 목표로 2022년부터 2026년까지 5년간 '서울시 기후변화대응 종합계획'을 추진 중이다. 5개년 종합계획은 전기차 비율을 10%로 끌어올리고, 콘크리트를 걷어내 녹지화하는 등의 내용을 포함한다. 그중 가장 핵심이 되는 내용은 노후화된 건물 100만 호를 '저탄소건물'로 전환하는 것이다.

에너지효율이 낮은 노후건물을 개선한다면 그 효과는 배가될 것이다. 그렇다면 서울시 노후건물 현황은 어떨까? 서울시내 건물 총 60만 동 가운데 30년 이상 된 건물은 28만 동으로, 건물 두 개 중 하나가 노후화된 건물이다. 시간이 갈수록 노후건물은 더욱 늘어날 것이기에 에너지 효율의 개선을 위해서는 공공과 민간의 적극적인 협력이 필수다.

시에서 2026년까지 에너지효율화를 추진하는 100만 호에는 아파트 등 주택·건물 80만 호, 공공주택 12만 호, 저소득·차상위가구 8만 호, 경로당·어린이집·공공청사 등 3천 호가 포함된다. 서울시는 건물과 가구의 특성별로 다양한 방식의 지원을 제공한다. 먼저 주택·건물에 대해서는 무이자 융자(건물 20억 원, 주택 6천만 원 한도)로 건물 에너지효율화 공사비를 지원하고, 친환경보일러 교체 보조금 지원도 지속한다. 공공주택에는 고효율보일러 교체, LED조명 교체 등을 지원하며, 저소득·차상위계층 가구에는 창호 교체, LED조명 설치, 친환경보일러 교체 등을 지원한다. 공공건물 3천 개소에는 리모델링을 통한 단열성능 강화, 고효율 기자재 교체, 시설편의성 강화를 추진한다. 그리고 이 같은 정보를 시민들에게 전달하고 맞춤 상담을 제공하기 위해 저탄소건물지원센터를 설립했다.

2022년 시행 첫해, 서울시는 21만 호를 저탄소건물로 전환했다. 이는 당초 목표인 15만 호를 초과 달성한 것이다. 특히, 시 소유 건물인 남산창작센터, 중부 북부기술교육원, 탄천물재생센터 등 40개 소는 제로에너지건물(ZEB) 수준으로 전환하거나 에너지효율을 30% 이상 개선했다. 이처럼 저탄소건물을 시 전체로 확산시키기 위한 선제적 대응은 전 세계적으로 유례를 찾기 어렵다. 신축건물에 대한 제로에너지건축물 설계를 단계적으로 의무화하는 장기적 계획까지 포함한다면, 중장기적으로는 시의 건물 전체를 저탄소건물로 전환하겠다는 강력한 의지의 표명이다.

서울시는 노후한 남산창작센터를 제로에너지건물로 개선했다. 단열 보강, 냉난방 교체, 친환경 환기, 태양광발전 등으로 에너지 소비를 77% 절감시켰다.

chapter 7

HOUSING

chapter 7

도시의 삶은 집에서 시작해 주거로 완성된다

1960년대부터 1970년대까지 서울은 매년 한 중소도시 규모의 인구가 유입되는 '사건'을 겪었다. 산업화의 물결과 베이비붐이 만든 대이동 속에서, 서울은 우선 '사는 것' 자체를 해결해야 했다. 당장 지붕과 벽이 필요했다. 서울은 중앙정부와 협조하여 숨 가쁘게 주택 물량을 쏟아냈다. 강남의 넓은 들판이 아파트 단지로 바뀌었고, 도심 곳곳에는 시민아파트가 들어섰다. 하지만 숫자만 좇다 보니 곳곳에 무리가 따랐고, 그 대가는 컸다. 1970년 와우아파트 붕괴 사고는 그런 시대의 아픈 교훈이었다. 서울은 자신만의 주거 철학이 필요했다.

Story

결국 도시가 집이어야 한다

모든 도시는 저마다의 성장 곡선을 그린다. 뉴욕이 100년이라는 시간을 투자해 차근차근 수직의 스카이라인을 완성했다면, 서울은 단 반세기라는 압축된 타임라인 속에서 드라마틱한 변신을 이뤄냈다. 할아버지의 손을 잡고 장독대가 있던 마당을 뛰어다니던 아이가 어른이 되니 그 자리가 아파트 단지로 변한 일이 흔하다. 서울은 그렇게 숨 가쁘게 변해왔다.

1960년대만 해도 서울 하늘은 한적했다. 남산에 올라 내려다보면 낮은 기와지붕들이 잔잔한 물결처럼 너울거렸다. 그러다 산업화의 물결을 타고 매일 아침 서울역에 닿는 기차들이 시골 청년들의 꿈을 싣고 왔다. 하루에 천 명, 이틀에 이천 명… 그렇게 일 년이면 한 개 작은 도시가 통째로 서울로 이사 오다시피 했고, 그들 모두에게는 잠자리가 필요했다.

20세기 초만 해도 고작 20만 명이던 도시가 21세기에는 1,000만 명이 넘는 거대도시가 되기까지 서울이 단 하루도 잠들 수 없었던 배경이다. 밤새 포클레인이 땅을 파고, 크레인이 집을 올렸다. 산자락의 달동네는 아파트 단지가 되었고, 도시 변두리의 논밭은 빽빽한 주택가로 변했다. 그렇게 서울은 새벽에 잠들었다가 아침에 깨어나면 매일 새로운 얼굴을 보여주었다.

지금도 서울 어디선가는 새로운 보금자리가 만들어지고 있다. 인구 100만 시대의 할아버지와 1,000만 시대를 사는 손주가 공원 벤치에 나란히 앉아 있다면 그들은 서로 다른 서울 이야기를 들려줄 것이다.

"우리나라의 주거 역사를 돌이켜보면 1960~80년대 급격한 도시화와 함께 '주택 보급률'이라는 숫자에 집중했던 시기가 있었습니다. 그 결과 우리는 '집'이라는 물리적 공간은 얻었지만, '집'이라고 부를 수 있는 따뜻한 보금자리를 만들어내는 데는 미처 신경 쓰지 못했던 것 같습니다. 이제 '양'에서 '질'로, '소유'에서 '거주'로 전환해야 할 때입니다."

양재 시프트 리본타워

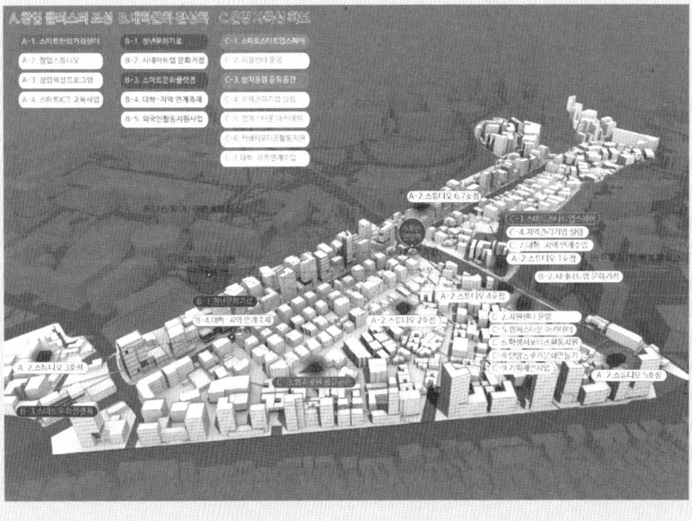

고려대학교 인근 제기동의 캠퍼스타운

'사는 것'에서 '사는 곳'으로

도시가 사람을 품는 방식은 그 도시의 철학을 보여준다. 1960년대부터 1970년대까지 서울은 매년 한 중소도시 규모의 인구가 유입되는 '사건'을 겪었다. 산업화의 물결과 베이비붐이 만든 이 대이동 속에서, 서울은 우선 '사는 것' 자체를 해결해야 했다. 당장 지붕과 벽이 필요했다. 서울은 중앙정부의 지휘 아래 숨 가쁘게 주택 물량을 쏟아냈다. 강남의 넓은 들판이 아파트 단지로 바뀌었고, 도심 곳곳에는 시민아파트가 들어섰다. 하지만 숫자만 좇다 보니 곳곳에 무리가 따랐고, 그 대가는 컸다. 1970년 와우아파트 붕괴 사고는 그런 시대의 아픈 교훈이었다. 서울은 자신만의 주거 철학이 필요했다.

본격적인 지방자치 시대가 개막하던 1995년, 서울시는 처음으로 자신만의 주택 이야기를 쓰기 시작했다. 〈서울시 주택조례〉는 그 첫 장이었고, 이는 서울시가 독자적인 주택정책을 수립할 수 있는 제도적 기반이 되었다. 2000년대 초반이 되어서야 비로소 '어떻게 살 것인가'를 고민할 여유가 생겼지만, 양적 성장의 이면에 드리워진 그늘은 이미 짙어져 있었다. 중대형 아파트들이 우후죽순 올라가는 동안 정작 서민이 살 만한 작은 집들이 하나둘 사라졌고, 오랫동안 살던 동네를 떠나야 하는 이들이 늘어난 것이다. 전셋값은 천정부지로 치솟았고, 이제 단순히 '집을 짓는 것'만으로는 부족하다는 목소리가 커졌다. 이러한 경험은 서울시 주택 정책이 단순한 양적 공급을 넘어, 수요자 중심의 질적 접근으로 전환되어야 한다는 중요한 시사점을 남겼다.

민선 4기가 열린 2006년, 서울의 주택 정책은 큰 전환점을 맞는다. '내 집 마련'이라는 오랜 꿈 대신, '마음 편하게 오래 살 수 있는 집'이라는 새로운 가치가 떠올랐다. 2007년 도입된 시프트(Shift) 정책은 이러한 인식의 전환을 상징하는 획기적인 시도이자, 변화의 상징이었다. 최장 20년이라는 시간 동안 한 집에서 안정적으로 거주할 수 있게 된 시민들. 저소득층뿐 아니라 중산층까지 도시의 모든 구성원이 안정적으로 살 수 있는 집을 발표하기 시작한 것이다. 중대형 임대주택(59m², 85m², 115m²)을 장기 전세로 공급함으로써, 소형 평형 위주의 임대라는 기존 공공임대주택의 한계를 뛰어넘었다. 이는 가족의 성장과 삶의 질을 고려한 주거정책의 패러다임 전환을 의미했다. 당시 서울시는 뉴타운사업 영향 연구부터 주택공급과 주거환경 개선, 공공임대주택 관리와 주거비 보조, 주택시장 현황 및 수급, 아파트를 포함한 주거지 관리에 이르기까지 다각적인 연구를 통해 정책의 실효성을 높여갔다.

이후 서울시의 시선은 더욱 섬세해졌다. 그동안 통계로 포착되지 않은 사각지대였던 반지하 가구, 고시원, 쪽방촌 주민, 대학생까지 도시 곳곳에 숨어 있던 주거 취약계층을 찾아 나섰고, 그들을 위한 맞춤형 해법을 모색했다. 그리고 지금, 서울시는 1인 가구 커뮤니티 하우징, 신혼부부 안심주택 등 생애주기별 맞춤형 주거 해법으로 새로운 실험을 이어가고 있다. 정책 담당자들의 현장 방문을 통한 실태 파악, 이를 바탕으로 한 맞춤형 지원 정책 수립은 주거복지의 새로운 지평을 열었다. 고려대학교 인근 제기동의 캠퍼스타운 조성이나 북아현3동의 공공기숙사 확보 계획은 이러한 노력의 구체적 성과다.

서울시는 '집'을 단순히 잠드는 공간으로 생각하지 않는다. 그것은 도시가 시민을 품는 방식이자 우리 사회가 지향하는 가치를 보여주는 거울이라 믿는다. 서울시의 주거 정책이 '사는 것'에서 '사는 곳'으로 진화해 온 여정은, 어쩌면 우리 사회가 함께 살아가는 법을 배워온 과정이었는지도 모른다.

1995년 여의도지구 전경

친환경실천 우수아파트
선발대회 포스터

한강 공공성 재편 계획 당시 제시되었던 여의도지구의 입면도. 아파트도 공공재라는 혁신적인 관점을 내놓으며 건축물 외관의 다양화, 도시 맥락과의 연계성을 꿈꿨다.

2021년 진행된 하계5단지 공공주택 국제 설계공모의 당선작

아파트의 성냥갑 탈출기

2020년, 서울의 모습은 완전히 달라졌다. 1975년 만 8%에 불과했던 아파트가 59%를 차지하고, 단독주택은 10.4%로 옛 모습을 거의 찾아보기 힘들다. 어느새 서울은 '아파트의 도시'가 되었다. 아파트 숲이 우거질수록 우리는 더 깊은 질문을 마주하게 됐다. 2000년대에 들어서면서 프랑스 지리학자 발레리 줄레조가 『아파트 공화국』에서 꼬집었듯, '비싼 성냥갑'이라는 별명이 붙은 획일화된 아파트들이 과연 우리가 꿈꾸는 삶터가 맞는지에 대해서였다. 도시 곳곳에 우뚝 솟은 아파트들은 서울의 오래된 풍경을 지워갔고, 폐쇄적인 공간 구조와 바쁜 도시생활이 더해지면서 이웃 간의 정도 희미해지게 했다. 내 집 마련의 사다리로 여겨지던 아파트는 어느새 투기의 대상이 되어 서민의 꿈을 더 멀어지게 했다. 서울시는 이런 시대적 목소리에 귀 기울여야 했다.

"2019년 전국적으로 아파트 거주 가구 비율이 50%를 넘어섰습니다. 이러한 주거 현상은 도시계획 측면에서 양면성을 지닙니다. 아파트는 효율적인 토지 이용과 주거 공급 확대를 가능케 했지만, 다른 한편으로는 도시 경관의 다양성을 저해하고 있죠. 우리는 새로운 도전에 나서야 했습니다."

2008년, '성냥갑 아파트 퇴출 가이드라인'은 변화의 첫 신호탄이었다. 건설사들의 거대한 광고판이 되어버린 아파트 외벽부터 바꾸자는 출발이었다. 2010년에는 한 걸음 더 나아가 '아파트도 공공재'라는 혁신적인 관점을 내놓았다. 더 이상 단순한 주거 공간이 아니라, 아파트가 우리 도시의 미래 문화유산이 되어야 한다는 뜻이었다. 이 가이드라인의 핵심은 크게 세 가지다. 첫째, 건축물의 외관 다양화다. 아파트 입면에 특화 설계를 도입하고, 지역의 특성을 반영한 디자인을 장려했다. 둘째, 도시 맥락과의 연계성 강화다. 특히 한강변과 수변 아파트 단지는 수계를 중심으로 한 배치를 통해 도시 경관과의 조화를 도모했다. 셋째, 주거 품질의 혁신이다.

아파트들은 천천히 변화하기 시작했다. 혼자 튀던 외벽은 도시 풍경과 조응했고 요란하던 야간조명은 은은해졌다. 획일화된 디자인에 균열이 생기고 새로운 시도가 싹트기 시작했다. 아파트도, 서울도 차츰 진화했다. 물리적 변화의 바람은 혁신의 물결로 이어졌다. 예컨대 2009년 서울시의 '지속가능형 공동주택'이란 비전은 아파트가 환경을 생각하는 공간으로 거듭나는 계기를 만들었다. 리모델링 특례 조항으로 시작된 이 작은 변화는 2024년 현재에도 이웃들이 함께 모여 환경을 지키는 실천의 장으로 살아 숨쉬고 있다. 서울시의 친환경실천 우수아파트 선발대회는 시민들의 축제가 되었고, 서울주택도시공사가 선보인 '제로에너지 아파트'는 미래 세대를 위한 희망의 청사진이 되었다.

임대주택도 새로운 옷을 입었다. 오랫동안 '부족하고 열악한 공간'이라는 편견에 시달렸던 임대주택이 '누구나 살고 싶은 집'으로 탈바꿈하고 있다. 2022년에 발표한 〈서울 임대주택 3대 혁신방안〉은 30년 만의 대전환이었다. '얼마나 많이 지을까'가 아닌 '어떻게 하면 더 좋은 집을 만들까'를 고

번동 현황(왼쪽)과 모아타운 지정 후 아파트 계획 조감도(오른쪽)

은평한옥마을

“도시 건설의 시대가 저물고 ‘도시 관리의 시대’가 도래했습니다. 아파트 열풍이라는 거대한 조류에 휩쓸리지 않은, 우리의 고유한 주거 문화를 보존하는 것이 중요합니다. 이는 우리의 뿌리와 정체성을 지키는 일이기도 합니다.”

민한 결과다. 무주택 중산층의 내일과 신혼부부의 새로운 시작, 대학생의 꿈과 사회초년생의 희망이 자라날 수 있는 공간으로 점점 바뀌고 있다.

도시계획가 제인 제이콥스(Jane Jacobs, 1916-2006)는 “도시는 모든 이에게 무언가를 제공할 수 있지만, 그것은 오직 모든 이에 의해 만들어질 때에만 가능하다”고 했다. 제이콥스의 말처럼, 서울의 아파트도 다양한 삶의 모습을 품고 있다. 혼자 사는 이의 고요한 휴식과 대가족의 왁자지껄한 식탁, 청년의 열정과 노년의 여유, 서민의 소박한 일상과 중산층의 안정된 삶이 한데 어우러진다. 아파트는 더는 규격화된 상자가 아닌, 우리 모두의 이야기가 살아 숨 쉬는 삶의 무대로 거듭나고 있다.

저층주거지, 사는 방식의 다양성

도시에도 지층이 있다. 고층 아파트가 현대 서울의 얼굴이라면 낮은 지붕들이 만드는 고즈넉한 풍경은 오래된 서울의 숨결이다. 한옥과 저층주거지는 도시가 간직한 시간의 결이다. 서울은 개발의 물결 속에서 이런 오랜 동네들을 끈질기게 지켜왔다. 그리고 지금, 서울시는 이 소중한 흔적들을 더욱 세심하게 보살피고 있다.

2010년, 서울시는 오래된 동네들의 가치를 보전하기 위해 휴먼타운 사업을 시작했다. 암사동 서원마을, 성북동 선유골, 인수동 능안골, 이름만으로도 정겨운 이 동네들은 저마다의 이야기를 품고 있었다. 서울시는 전면 재개발 대신 마을이 간직한 추억과 정취를 살리면서 현대적 편의를 더하는 섬세한 변화를 꾀했다. 2024년에는 휴먼타운 2.0으로 한 단계 더 진화했다. 단순한 주거환경 개선을 넘어, 이웃과 이웃을 잇고 마을의 이야기를 이어가는 데 초점을 맞췄다. 1980년대부터 형성된 다세대, 다가구 주택의 골목길이 여전히 활기찬 삶터로 남아 있었기에 가능한 일이었다. 서울시는 이런 마을들의 생명력을 믿었다. 모아주택, 모아타운이라는 이름의 지원만으로도 오래된 동네는 새로운 활기를 되찾았다. 마치 오래된 나무에 새 가지를 접붙이듯, 서울시는 과거와 현재를 잇는 정성스러운 작업을 펼치는 것이다. 한편, 한옥마을의 이야기는 조금 달랐다. 60년의 세월을 견뎌온 한옥들도 ‘노후불량건축물’이란 차가운 이름표가 붙으면서 재개발의 그림자에 뒤덮이게 된 것이다. 오래된 것은 낡은 것이고, 낡은 것은 사라져야 한다는 논리 앞에서 한옥은 속절없이 무너져갔다.

하지만 2008년, 서울시는 중요한 깨달음을 얻었다. 도시를 새롭게 개발하는 것보다 도시가 간직한 이야기를 지키는 일이 더 중요하다는 것을. 2008년의 서울한옥선언은 그렇게 탄생했다. 그리고 15년이 지난 2023년, 서울시는 ‘한옥 4.0 재창

신림1구역 현재 모습

신림1구역의 신속통합기획 조감도.
신림1구역은 신속통합기획 1호 재개발 현장이다.
신속통합기획은 기존의 하향식 도시계획이 아니라 실제 그 공간을 살아갈 주민들의 목소리를 계획 단계부터 세심하게 반영하는 기획이다.

조'라는 이야기를 덧대어 써내려가고 있다. 덕분에 보존의 손길이 닿은 한옥들은 2020년대에 들어서며 놀라운 힘을 보여줬다. 더 이상 박제된 문화재가 아닌, 젊은이들이 즐겨 찾는 트렌디한 공간으로 살아났다. 한옥 카페에서 커피를 마시고, 한옥 게스트하우스에서 하룻밤을 보내는 일이 자연스러워졌다. 옛것은 새것이 되고, 새것은 옛것을 품었다.

이제 서울의 풍경은 세계 어디에서도 찾기 힘든 특별한 모습을 하고 있다. 고층 아파트 뒤로 한옥의 기와가 고개를 내밀고, 저층주거지의 골목길이 그사이를 부드럽게 잇는다. 마치 시간이 켜켜이 쌓인 지층처럼, 서울은 자신만의 방식으로 과거와 현재를 어루만지고 있다. 전통과 현대를 대립시키지 않고, 시간의 결을 자연스럽게 쌓아 올리는 것. 그것이 바로 서울이 찾은 해답이다.

내일의 집을 위한 패스트 트랙

도시는 마치 한 권의 책과도 같아 매일 새 이야기가 적히고, 때로는 낡은 페이지가 지워지며, 끊임없이 새로운 챕터가 시작된다. 서울이라는 도시 역시 그렇게 600년이 넘는 세월 동안 자신만의 이야기를 써내려왔다. 켜켜이 쌓인 도시의 기억들, 그 속에서 우리는 새로운 변화의 순간을 늘 마주하고 있는 셈이다. 그 중에 주거 정책은 마치 도시라는 거대한 퍼즐을 맞추는 핵심 조각과도 같은 힘을 갖고 있다. 한 조각이 제자리를 찾으면 주변의 다른 조각들도 자연스럽게 어우러지듯, 균형 잡힌 주거 정책은 도시 전체의 조화로운 발전을 이끌어낸다.

세계의 메가시티들은 각자의 방식으로 주거 정책을 통해 도시의 다음 장을 디자인하는 과제에 도전하고 있다. 파리는 '15분 도시'라는 프로젝트를 통해 도보나 자전거로 15분 이내에 일상생활에 필요한 모든 시설에 접근할 수 있는 휴먼스케일의 도시를 만들어가고 있다. 이는 단순한 물리적 거리 단축을 넘어, 이웃 간의 사회적 관계를 강화하고 지역 공동체를 활성화하는 효과도 거두고 있다.

서울시 역시 신속통합기획이라는 혁신적 해법으로 새로운 길을 개척하고 있다. 이는 단순한 도시계획이 아닌 도시의 다양한 이해관계자들이 함께 그려나가는 협업의 플랫폼이다. 기존의 하향식 도시계획에서 벗어나 실제 그 공간을 살아갈 주민들의 목소리를 계획 단계부터 세심하게 반영한다. 이미 커뮤니티의 공감대가 형성된 지역에는 '패스트 트랙'이라는 맞춤형 프로세스를 적용하며, 주거 정책을 통한 도시계획의 민첩성을 높였다. 덕분에 1인 가구의 급증과 실버 세대의 라이프스타일까지 고려한 유니버설 디자인을 담아내면서도, 오랜 시간 그곳에 스며든 지역 이야기를 보존하는 역할까지 해낸다. '도시·건축 디자인 혁신 방안' 적용함은 물론이다. 신속통합기획은 매 순간 호흡하고 성장하며 때로는 치유가 필요한 도시의 생명력을 연장하는 프로젝트다. 효율성이나 생산성을 넘어, 시민의 행복과 삶의 질이라는 가치를 담아내고자 한다.

이제 서울은 또 다른 변화의 문턱에 서 있다. 창너머로 스며드는 아침 햇살처럼 따스한 공동체적 가치와 첨단 기술이 조화를 이루는 진화한 아파트, 오랜 세월 켜켜이 쌓인 기억을 품은 한옥과 저층 주거지, 그리고 수많은 시민의 소망이 숨쉬는 신속통합기획까지. 이 모든 변화는 서울이라는 도시가 쓰는 새로운 주거 이야기의 한 페이지가 될 것이다.

MAP

HOUSING

59
질적 제고 /
성냥갑 아파트 퇴출

60
질적 제고 /
친환경 아파트

61
질적 제고 /
고품질 임대주택

62
질적 제고 /
신속통합기획

63
질적 제고 /
서울한옥

64
양적 확대 /
시프트

65
양적 확대 /
휴먼타운

66
양적 확대 /
모아주택

65 인수동 능안골
은평한옥마을
66 강북구 번동 일대
65 성북동 선유골
북촌한옥마을 63
62 창신동 일대
65 암사동 서원마을
62 서계동 일대
61 크로시티 행복주택
59 서울숲트리마제
여의도 시범아파트
62 서빙고 신동아 아파트
64 양재 시프트 리본타워
2010년 동별 주택 수 현황
2,000이하
2,000~4,000
4,000~6,000
6,000~8,000
8,000~10,000
10,000초과

성냥갑 아파트 퇴출

아파트에도 캐릭터를

서울은 아파트 숲이다

남산이나 서울성곽, 어딘가 높은 데서 서울을 내려다본 적이 있을 것이다. 무척 아름답지만 한 가지 아쉬운 점이 있다. 눈에 보이는 것이 거의 다 아파트인데, 그 풍경이 왠지 삭막해 보인다는 것이다. 여기에 변화가 생긴다면 더 매력적일 텐데 말이다.

세계 유수의 도시는 저마다 특색 있는 스카이라인을 자랑한다. 하지만 서울은 획일화된 아파트 건물들로 인해 '아파트 숲'에 다름없는 삭막한 풍경과 스카이라인을 갖고 있다. 서울의 심각한 주거난을 생각하면 그렇다고 아파트 짓는 걸 멈출 수도 없는 노릇이다. 아파트 건축을 멈출 수 없다면, 기존과 달리 지어볼 순 있지 않을까? 서울시의 '성냥갑 아파트 퇴출 가이드라인'은 이러한 문제의식에서 시작되었다.

아파트에 부는 미풍(美風)

2007년, 서울시는 "디자인이 살아 있는 공동주택", "주변 환경과의 조화 속에 매력과 개성이 넘치는 공동주택"을 건설하기 위해 〈건축심의 개선 대책〉, 일명 '성냥갑 아파트 퇴출 가이드라인'을 발표한다. 2008년부터 서울시에 신축되는 공동주택 단지에 적용 예고된 내용은 다음과 같다. 먼저 서울시에 신축되는 대규모 공동주택 단지(1,000가구 이상, 10개 동 이상)의 주거동 30% 이상은 디자인을 독창적으로 차별화하도록 했다. 또한 주변 조망 방향을 고려해 아파트 건물 높이를 고층·중층·저층으로 다양화하여, 스카이라인이 주변과 조화롭고 균형 있게 들어설 수 있도록 했다. 이 밖에도 획일적이었던 탑상형 공동주택 디자인을 다양화하고, 거주 기피 층인 아파트 상층부와 저층부의 디자인에 변화를 주어 수요를 더 높이고자 했다. 서울시는 특히 도시 미관을 저해하던 하천변 병풍

여의도지구의 계획안 조감도. 2023년 서울시는 성냥갑 아파트 퇴출 2.0의 재시동을 예고했다. 디자인 특화설계 등 요건을 충족할 경우 50층 이상의 건축을 허가하며, 저층부는 공유 공간으로 개방하는 혁신적인 안을 유도한다.

형 아파트 문제를 해결하기 위해, 하천변의 주거동은 최대한 시각통로를 확보하고 수변·도시 미관과의 조화를 고려하여 다양한 공간으로 연출하도록 했다.

서울시는 정책 발표 이후 시범운영 기간을 거쳐 가이드라인을 현실화하고 해마다 내용을 업그레이드해 나갔다. 2008년 발표된 가이드라인에는 건설업체의 광고판으로 전락한 아파트 벽면을 개선하기 위해 측벽의 4층 이상에는 브랜드 로고 표기를 금지하는 내용이 포함되었다. 또한 미관을 해치고 밤잠도 설치게 하는 야간 경관조명을 제한하는 등 공동주택의 디자인·품질 경쟁력을 더욱 강화하는 안을 내놓았다. 2009년 발표한 가이드라인에는 저탄소 녹색도시 기조에 걸맞은 새로운 기준들을 도입하며 '친환경 아파트' 시대의 개막을 알렸다.

2010년의 가이드라인에는 '아파트도 공공재'라는 혁신적인 관점을 반영했다. 아파트가 사유 재산을 넘어 이웃 주민들에게는 열린 공간으로, 도시 차원에서는 지속가능한 건축물로 자리 잡을 수 있도록 유도하겠다는 취지에서다. 하루가 다르게 변화해 가는 사람들의 라이프스타일에 그때그때 손쉽게 대응할 수 있도록 '리모델링이 쉬운 지속가능형 공동주택 평가기준'을 마련하고, 에너지 효율을 높이기 위해 단열 기준을 대폭 강화했다. 특히 주변 가로체계와 연결되는 공공보행통로 설치를 의무화하고, 무장애 보행환경을 조성하는 등 단지 안팎의 많은 사람들에게 열린 공간이 될 수 있도록 기준을 확립했다.

질적 개선과 혁신

2023년 서울시는 '성냥갑 아파트 퇴출 2.0'의 재시동을 예고했다. 건축물의 높이와 용적률을 일률 제한하고 보존 위주로 펼친 기존 건축 정책이 특색 없는 획일적인 건축물을 양산했다고 판단해서다. 디자인 특화설계 등 요건을 충족할 경우 50층 이상의 건축을 허가하며, 아파트 저층부를 공유 공간으로 개방하는 등의 혁신적인 안을 포함시켰다. 서울시는 다양한 사람과 가족이 살아가는 공간을 판에 박히듯 똑같이 만들지 않고 다양하게 만들어 삶을 풍요롭게 하고 거기에 더해 도시 경관도 다채롭게 만들고자 한다. 다채로운 공동주택 건축물로 채워 갈 서울의 새로운 모습을 기대해 봐도 좋겠다.

압구정지구의 계획안 조감도. 서울의 심각한 주거난을 생각하면 아파트는 필수 불가결의 주거유형이다. 다만, 서울시는 '성냥갑 아파트 퇴출 가이드라인'을 세워 다양한 풍경이 있는 도시를 바랐다.

친환경 아파트

아파트가 바뀌어야 도시가 바뀐다

서울시의 아파트 정책에는 '아파트 공화국'이라는 오명에서 벗어나 새롭게 구현하고자 하는 이상적인 도시의 상이 담겨 있다. 예컨대, 서울시는 2008년 획일적인 디자인의 성냥갑 아파트 퇴출을 선언하며 '디자인이 살아있는 아파트' 시대를 열었다. 그리고 그로부터 1년 만인 2009년에는 저탄소 녹색도시 실현을 위해 '친환경 아파트' 시대를 열겠다고 포부를 밝혔다.

건물 부문에서 배출되는 온실가스는 서울시 연간 온실가스 배출량 중 가장 높은 비중을 차지할 만큼 환경에 끼치는 영향이 상당하다. 그렇기에 친환경 관점에서 〈공동주택 심의기준〉을 재정비하는 것은 탄소중립 실현을 위한 대안 중 가장 강력한 방법이라 할 수 있다.

'친환경 아파트' 시대를 열기 위해 서울시가 〈공동주택 심의기준〉에 새롭게 도입한 내용에는 어떤 것들이 있을까? 첫째, 대표적인 친환경 교통수단인 자전거 이용 편의를 위해, 단지 내에 자전거 도로망을 우선 배려하는 것을 원칙으로 명시하고 자전거 주차면적을 일반건물 2%, 공동주택 5%로 확보했다. 또한 보행로는 자전거도로와 명확히 분리하여 폭을 2m 이상 확보할 수 있도록 했다. 둘째, 도로변 옹벽을 자연순응형 녹지공간으로 조성하도록 조치한 데 이어서, 1,000세대 또는 10동 이상 공동주택 단지에 대해 벽면 녹화를 의무화했다. 덩굴식물을 심어 삭막한 콘크리트 벽면을 푸른색으로 바꾸고, 이를 통해 열섬효과를 방지하기 위함이다. 셋째, 하절기 냉방 에너지 낭비가 심한 커튼월 건축물에 대해, 계량화된 건축 기준을 제시하여 에너지 효율성을 높이도록 했다.

이처럼 서울시는 아파트라는 집약적 공간을 통해 에너지 자원 절약, 기후위기 대응, 삶의 질 향상 등 다양한 혁신을 실현하고 있다. 이미 2007년 이후 추진되는 공동주택 53개 사업에 대해 에너지절약 2등급 및 친환경 '우수등급' 인증을 받도록 하는 등 선제적 조치를 취해 연간 221억 1천 4백만 원의 에너지 절감 효과를 창출하기도 했다.

또한 30년 주기로 재건축하는 아파트로 인한 사회적 비용을 줄이고 공동체를 위해 리모델링이 쉬운 '지속가능형 공동주택'을 도입하였다. 라멘조, 무량판 구조 등을 사용하여 '지속가능형 공동주택 평가기준' 에 따라 일정 점수를 획득할 경우 건축심의를 통해 인정한다. SH 등이 건설하는 공공건설 아파트에 먼저 시행하고 민간은 허용용적률 인센티브를 통해 유도한다.

서민 주거 안정을 위해 아파트를 계속 지어야 한다면, 우리는 앞으로 '어떤 아파트'를 지을 것인가? 도시의 철학과 비전을 묻는 이 물음에 서울시는 '친환경 아파트'라는 분명하고도 미래 지향적인 답을 내놓으며, 도시를 푸른빛으로 조금씩 바꿔 내고 있다.

서울시는 아파트라는 집약적 공간을 통해 에너지 자원 절약,
기후위기 대응, 삶의 질 향상 등 다양한 혁신을 실현하고 있다.

고품질 임대주택
자랑스러운 우리집

주거도 브랜딩이다. 내가 사는 곳에 자부심을 느낄 수 있을 때 삶의 만족도도 높아진다. 임대주택을 새롭게 정의하고 브랜딩하면 어떨까? 용도가 달라졌으니 조성 방법도 그릇도 달라지는 게 합당하지 않을까?

임대주택이 저소득층만을 위한 주거 공간으로 여겨졌던 과거와 달리, 최근에는 무주택중산층·신혼부부·대학생·사회초년생 등 임대주택에 대한 수요가 다양해지며 새로운 변화가 요구되고 있다. 이에 서울시는 〈서울 임대주택 3대 혁신방안〉(2022)을 통해 임대주택을 누구나 만족하며 살고 싶은 양질의 주택으로 혁신하고, 임대주택에 그림자처럼 따라다녔던 차별과 부정적인 인식을 없애겠다고 밝혔다. 서울시가 추진하는 임대주택 3대 혁신은 '품질 혁신', '소셜믹스', '노후단지 재정비'를 골자로 한다.

첫째, 서울시는 임대주택을 민간 수준의 고품질 주거공간으로 조성하는 '품질 혁신'을 기한다. 기존 임대주택 평형 대비 1.5배 이상으로 넓힌 서울형 주거면적 기준을 도입해 '임대주택=작은 집'이라는 편견을 해소하는가 하면, 최신 트렌드의 인테리어를 반영하고 내장재도 고품질 제품을 사용한다. 또한 실내 운동시설, 반려동물 친화시설, 옥상정원 같은 고품격 커뮤니티 공간을 적극 조성한다. 이외에도 입주민의 편의와 안전을 위해 IoT 신기술을 적극 도입하는 등 민간주택과의 품질 격차를 점차 줄여 갈 예정이다.

둘째, 서울시는 임대-분양주택 간 차별을 없앤 진정한 소셜믹스를 실현한다. 임대·민간 혼합단지 내에서 임대주택을 별동에 배치하거나 커뮤니티 시설을 이용하지 못하게 하는 등의 차별을 이번 혁신 과정에서 확실히 걸러낼 예정이다. 또한 그동안 제한되었던 다른 층수·면적·지역 임대주택으로의 이사가 자유롭게 제도를 개선하며, 임대·분양세대 입주자 모두가 참여하는 입주자대표회 구성을 위해 '공동주택관리법' 개정도 추진한다. 임대주택에 사는 사람도 자부심과 주인의식을 가지고 생활할 수 있도록 하는 것이 핵심이다.

마지막으로, 2026년까지 준공 30년을 경과하는 영구·공공임대 24개 단지 총 33,083호에 대해 단계적으로 재정비를 추진한다. 임대주택이 1989년에 최초 공급된 지 30년이 지나면서 노후단지가 빠르게 늘고 있는 만큼, 입주민 안전과 삶의 질 차원에서 정비가 필요하다고 판단해서다. 시는 1989년 입주한 영구임대아파트 단지인 '하계5단지'를 이번 혁신방안이 모두 적용되는 서울형 고품질 임대주택 1호 단지로 재정비할 계획이다.

공덕 크로시티 행복주택 세대 내부, 부대 시설인 세탁실 및 부엌(위)과
외부 전경(오른쪽)

2021년 진행된 하계5단지 공공주택 국제 설계공모의 당선작
당선사는 (주)피에이씨건축사사무소 컨소시엄(공동참여사는
(주)토문건축사사무소, (주)에스제이종합건축사사무소)

신속통합기획

시, 구, 주민의 원팀 플레이

추억이 깃든 터전 위에 내일을 다시 세우고 싶은, 재건축, 재개발에 대한 주민들의 바람은 늘 시간과 규제라는 높은 벽에 가로막혔다. 복잡한 절차의 긴 터널 속에서 한 단계 한 단계 앞으로 나아가기가 힘겨웠다. 그 사이 개인의 일상은 정체됐고, 동네의 활력도 함께 멈춰섰다. 더욱이 획일화된 층수 규제는 마치 같은 틀에 찍어낸 듯한 도시 풍경을 만들어냈고, 지역만의 고유한 이야기는 점점 희미해져 갔다. 서울시는 이런 경직된 주거지의 풍경과 더딘 변화의 속도를 바꾸고자 신속통합기획이라는 새로운 길을 열었다.

도시의 새로운 이야기를 써내려가는 신속통합기획은 정비계획 단계에서부터 도시·건축·교통·환경 분야를 통합적으로 아우른다. 각 사업지가 품은 가능성을 꽃피우고, 더 나은 도시공간이자 따뜻한 거주공간으로 탈바꿈하기 위해 다양한 이해당사자들과 소통하며 지혜를 모은다. 이렇게 만들어진 가이드라인은 오랜 기다림을 줄이는 지름길이 된다. 사업자는 이 가이드라인에 맞춰 개발계획을 신속히 수립할 수 있고, 서울시는 복잡한 인허가 절차가 빠르게 진행되도록 한다. 기존에 정비구역 지정까지 5년 이상 걸리던 것을 신속통합기획을 통해 절반으로 단축할 수 있다.

변화의 동력으로 서울시는 세 가지 의미 있는 인센티브를 마련했다. 첫째, 지역 특성과 주민 요구를 반영한 도시계획 유연화를 실현한다. 둘째, 다양한 분야의 전문가와 사전 논의된 신속통합기획을 따르면 빠른 행정절차를 지원받을 수 있다. 셋째, 공동주택 설계 전문가 참여로 혁신적 디자인을 지원받을 수 있다.

이 씨앗은 구체적인 열매를 맺어가고 있다. 2025년 1월 말 기준 149개소에서 신속통합기획을 통한 계획 지원이 진행 중이며, 이 중 89개소(약 16만 호)는 기획이 완료됐다. 더불어 57개 사업지는 정비계획 심의를 완료했고, 심의 완료한 사업지 중 31개소는 정비계획 결정고시까지 마치고 이후 조합설립, 사업시행인가 등의 절차를 밟고 있다. 민간과 관의 협력을 통해 사적 영역과 공적 영역이 조화를 이루고, 경제적 가치와 공공의 가치가 균형을 이루는 신속통합기획. 이는 서울시 정비사업의 새로운 장을 열어가고 있다

창신동 일대

시범아파트 일대

서빙고 신동아 아파트 일대

서계동 일대

서울한옥

전통의 계승과 재창조

서울한옥의 시작

한옥은 한국의 전통 주거양식이다. 과거에는 집으로서 부족함 없는 역할을 했지만, 도시가 점차 커지고 고밀화되면서 도심의 주거지로서는 적합하지 않게 되었다. 그렇게 경제적으로나 사회적으로 도시의 현실과는 멀어졌다. 하지만 고유의 주거양식인 한옥은 역사문화적 가치가 있고, 이런 한옥을 문화적 차원에서 활용하고 활성화하는 고민이 이어져 왔다.

서울에서 가장 먼저 한옥 보전 정책이 추진된 곳은 북촌이다. 당시 다세대·다가구로 교체되며 사라지는 오래된 한옥을 지키기 위해, 주민과 관이 협력해 '북촌가꾸기사업'을 시행했다(2000년). 서울시는 한옥등록제를 만들어 한옥의 유지관리를 위한 수리비를 지원했고 공공 차원에서 한옥의 멸실을 막기 위해 한옥을 매입하기 시작했다.

서울한옥, 사대문 안팎으로

북촌에 한정된 지원 정책을 확대하는 한편, 중장기적인 관점에서 한옥 보전을 위한 제도적 장치를 마련할 필요가 있었다. 이에 따라 서울시는 2008년 '서울한옥선언'을 수립했다. 북촌에서 경복궁 서측, 인사동, 돈화문로, 운현궁, 조계사 주변 등 5개 지역으로 지원 대상을 확대했다. 또한 기존의 한옥 보전의 개념을 넘어 한옥을 진흥시키고자 했다. 그 전략으로 '보전 지원', '멸실 제어', '신규 조성'의 3가지 시책으로 나누어 사업을 추진했다. 지금의 은평한옥마을은 당시 한옥선언을 통해 새롭게 조성되었다.

북촌가꾸기사업부터 서울한옥선언까지의 정책을 실행하는 동안 한옥에 대한 사회적 인식도 변화했다. 한옥에 대한 호감도와 수요가 증가했고 많은

은평한옥마을의 전경.
이곳은 2008년 서울한옥선언을 계기로 조성됐다.

대중매체에서 한옥에 점차 관심을 보였다. 특히 북촌가꾸기사업은 2009년 유네스코에서 '아시아·태평양 문화유산상' 우수상을 받기도 했다. 한옥이 건축, 문화, 도시의 자산으로 주목받은 것이다.

서울시는 2015년 '한옥자산선언'을 수립했다. 한옥 지원사업을 서울시 전역으로 확대하고 한옥 수선 인력을 확충했다. 당시 유지관리가 잘 되는 한옥은 '서울우수한옥'으로 선정해 책자를 발간하고, 우수한옥인증제 시행, 한옥지원센터 건립 등을 통해 지속가능한 한옥산업 생태계를 구축하고자 했다.

'서울다움'

지난 20여 년간의 노력으로 한옥은 이제 도시에서 역사문화적 정체성을 지니며 자리를 잡고 있다. 이런 기반 위에서 '서울한옥 4.0 재창조'를 통해 한 단계 더 도약하고자 한다. 서울시가 2023년 발표한 이 계획은 현대건축으로서 한옥을 재해석해 그 외연을 확장한다.

실천과제는 3가지이다. 첫째, '일상 속 한옥'은 누구나 살고 싶은 한옥마을을 조성한다. 2008년 은평한옥마을을 끝으로 1개소에 그친 한옥마을 조성지를 2032년까지 10개소로 점차 확대한다. 둘째, '새로운 한옥'은 한옥등록을 활성화하고 새로운 디자인을 발굴하고 지원한다. 한옥건축양식 심의기준을 완화하여 지원을 늘린다. 또한 관광인프라 확충을 위해, 수선 비용을 지원하는 등의 한옥체험업 지원을 확대한다. 셋째, '글로벌 한옥'은 서울한옥 주거문화의 확산과 브랜드화를 꿈꾼다. 카페, 레스토랑, 갤러리, 숍 등 다양한 용도의 한옥을 선정하고 홍보하여 문화적 저변을 확장한다. 북촌과 서촌에 서울한옥 라운지를 운영해, 한옥이 문화와 교류의 플랫폼으로서 기능하도록 만든다.

한옥은 박제된 과거가 아니라 지금 사회와 함께 숨쉬는 현재의 공간 양식이다. 서울시는 시민을 위한 한옥 정책과 장인에게 배우는 한옥 고치기 그리고 한옥 건축 양식 강의 등의 영상을 제작해 유튜브에 배포할 계획이다. 또한 서울한옥위크 같은 행사를 추진해 더욱 다양한 사람들에게 가닿고자 한다.

서울시는 2023년부터 매해 서울한옥위크를 열고 있다. 건축가나 명사 등을 초대하여 일상 속 한옥 문화와 한옥의 인문학적 가치를 전파한다.

2023년 문을 연 서촌라운지는 서울의 공공한옥이다. 이곳은 한옥 주거 문화와 K-리빙의 매력과 가치를 소개하고 체험하는 공간이다.

시프트

시프트, 미리내집

정주성에 대한 혁신

많은 서민들이 높은 주택 대출금 이자와 임대료에 현재의 삶을 담보 잡힌 채 살아간다. 매년 발표되는 주거실태조사 결과에 따르면, 서울 수도권 시민들은 월 소득의 1/5가량을 임대료에 들이고 있다. 언제까지 주거 안정을 위해 현재의 행복을 포기해야 하는 것일까? 집을 사지 않고도 내 집처럼 살 수는 없을까?

지난 2007년 서울시는 집을 사는(buying) 것이 아닌 사는(living) 곳으로 전환하기 위해, 주변 전세 시세의 80% 이하 임대료로 최대 20년까지 안정적으로 거주할 수 있는 장기전세주택 정책을 도입했다. 그리고 이 정책에 시프트(SHift)라는 브랜드명을 도입하는데, 이는 기존의 임대주택이 가지고 있는 이미지를 불식시키고 집에 대한 잘못된 기준을 바꾸겠다는 민선4기 서울시 주택정책을 상징한다.

장기전세주택 시프트는 임대주택 패러다임의 전환이다. 우선, 임대주택을 저소득층에게만 공급한다는 기존의 발상을 뛰어넘는다. 평생 내 집 마련 걱정을 하는 서민과 중산층 등 다양한 실수요자에게도 기회를 열어둔 것이다. 또한 중대형 평형(59m², 85m², 115m²)을 장기 전세로 공급함으로써, '소형 평형 위주의 임대'라는 기존 공공임대주택의 공식을 바꿔냈다. 인테리어나 내부 구조도 한층 업그레이드해 민간 분양 아파트 못지않은 고품격 아파트를 선보였다.

시장의 이유 있는 반응

실수요자들의 필요를 정확히 간파해 낸 장기전세주택 시프트는 모집 때마다 매번 높은 경쟁률을 기록하고 있다. 모집 경쟁률만 높은 것이 아니다. 실제 거주자들의 만족도 역시 높게 나타나고 있다. 지난 2012년 시프트 입주민 500명을 대상으로 한 설문조사 결과, 93.4%가 주거 환경에 만족하고 있다고 답했다. 만족의 이유로는 '20년간 안정적 거주'(52.5%)가 가장 높게 나타났고, '주변보다 저렴한 전세금'(30.8%), '좋은 주거환경 및 주거품질'(15.6%)이 뒤를 이었다. 이러한 장기전세주택 모델의 혁신성은 국내뿐 아니라 국제사회에서도 인정받았다. 지난 2010년, 서울시는 장기전세주택 시프트를 포함한 공공정책으로 지속 가능한 정주 환경 조성 공로를 인정받아 'UN해비타트 특별상'을 수상했다.

서울시 장기전세주택은 2007년 장지·발산지구 등에 공급한 482세대를 시작으로, 2021년 기준 총 3만 3천 세대가 공급되었다. 주변 시세 대비 80% 이하의 전세가로 서울 곳곳에 공급된 장기전세주택은 개별 세대들의 주거 안정과 더불어, 장기적으로는 주변 주택가격의 안정화도 함께 노린다. 이를 위해서는 앞으로도 공급량 자체를 꾸준히 늘려가는 노력이 필요하다. 서울시는 최근 시프트의 두 번째 버전인 '미리 내 집'의 시작을 알렸다. '미리 내 집'은 저출생 극복을 위해 내놓은 신혼부부 전용 장기전세주택으로, 출산한 가구에게 재계약 및 우선매수에 혜택을 준다. 2024년 7월 강동구 둔촌동에 공급한 300호를 시작으로, 광진구 자양동, 송파구 문정동, 성북구 길음동 등 6개 단지에 327호 추가 공급에 나서고 있다. 이런 공급이 점차 확대된다면, 집 문제로 인해 출산을 망설이거나 포기하는 신혼부부들에게는 삶을 변화시킬 좋은 기회가 되리라 기대한다.

이처럼 '시프트'와 '미리내집' 정책명에 담긴 의미대로 서울시는 정주 환경, 그 안에서 살아가는 시민들의 삶을 서서히 바꿔내고 있다. 무엇보다 집을 소유물로 바라보는 관점을 변화시키고, 주거의 본질을 묻는다. 집은 '사는 것'일까, '사는 곳'일까? 서울시가 바꿀 주거의 미래에서는 그 해답을 찾을 수 있을 것이다.

양재 시프트 리본타워 전경.
서울시 장기전세주택은 2007년 장지·발산지구 등에 공급한 482세대를 시작으로, 2021년 기준 총 3만3천 세대가 공급되었다.

휴먼타운

저층 주거지의 정주 다양성을 위해

2010년 기준, 서울의 주거 형태에서 아파트가 차지하는 비중은 약 56%로 나타났다. 당시 추세대로라면 5년 내에 그 수치가 80%에 육박할 수 있다는 예측이 나올 정도로, '아파트 공화국'의 위용은 날로 커지는 중이었다. 아파트 중심의 재건축·재개발로 인해 서울의 오랜 역사·문화적 특성을 유지한 저층 주거지는 점차 사라질 위기에 놓였다. 이에 서울시는 다양한 주거 형태가 쾌적하게 공존할 수 있는 서울을 만들고자, 저층 주거지의 주거 환경을 개선하는 '서울휴먼타운' 사업을 도입한다.

서울휴먼타운은 거버넌스, 인프라 구축 및 관리 등 다양한 측면에서 기존 재개발 방식의 한계를 뛰어넘는다. 먼저, 추진위원회 혹은 조합 집행부가 주도하던 기존의 개발 방식과 달리, 자치구와 주민협의체가 공동으로 논의해서 정비 및 보존 방안을 직접 마련해 나갔다. 또한 취약한 방범, 협소한 주차 공간 등 불편을 해소하기 위해 CCTV와 주차 시설을 증설했다. 진입 도로 확장, 보행자 전용 산책로 확보, 그린존 조성 등 기반시설을 확충했음은 물론이다. 서울휴먼타운 사업은 생활편의 제공에 최선을 다하면서도, 도시의 역사·문화적 특성이 유지될 수 있도록 노후한 부분만 솎아 정비하는 '소단위 맞춤형 개발'의 신호탄이 되었다. 암사동 서원마을, 성북동 선유골, 인수동 능안골 등 서울휴먼타운 시범사업지들은 지자체와 주민들의 노력에 힘입어 현재까지도 성공적인 도시재생 사례로 언급되고 있다.

그리고 2024년, 서울시는 '휴먼타운 2.0' 사업을 본격 추진한다. 각종 규제와 주민 반대 등으로 개발의 사각지대에 놓인 소규모 노후 저층주택을 정비하기 위함이다. 휴먼타운 2.0에는 용적률·건폐율 등 건축기준 완화, 건축 전문가 컨설팅 지원, 금융 지원, SH/LH 신축매입임대 약정, 주택관리 서비스를 종합제공하는 '모아센터' 설치 및 운영, 도로·공영주차장 확충 등 6개의 실행 전략이 담겼다.

서울시의 휴먼타운 사업은 아파트와 저층 주거지 간의 간극을 줄이고, 어떤 주거 형태에서든 쾌적하게 살아갈 수 있는 도시 환경을 향해 있다. 다시 동력을 얻은 휴먼타운 2.0을 통해, 저층 주거지의 골목길·커뮤니티를 곳곳에 품은 서울의 풍경이 오래도록 보존되길 바라본다.

휴먼타운으로 계획한 서대문구 문화마을 조감도

휴먼타운 거리 콘셉트 투시도

모아주택

신개념 주거정비 모델

도시의 역사가 오래된 만큼 서울에는 노후한 저층 주거지가 많다. 서울시 내 저층 주거지 면적은 131km²로 전체 주거지의 41.8%를 차지하지만, 이 중 약 87%가 노후도 등 재개발 요건을 충족하지 못해 방치돼 있다. 노후 저층 주거지는 어떤 문제들을 겪고 있을까? 좁은 골목에 다세대·다가구 주택이 밀집돼 있어 주차난이 심각하고, 불법 주정차로 차량 진출입이 어려워 화재 등에도 취약하다. 고층아파트 단지의 녹지율이 약 40%인 반면 저층 주거지의 녹지율은 3.4%에 불과할 정도로, 녹지와 휴게공간도 턱없이 부족한 실정이다.

2022년, 서울시는 대규모 개발이 어려운 노후 저층 주거지에 새로운 정비모델인 '모아주택' 사업을 도입했다. 모아주택은 이웃한 다가구·다세대주택 필지 소유자들이 개별 필지를 모아서 블록 단위로 양질의 주택을 공동 개발하는 사업이다. 대지 면적 1,500m² 이상을 확보한 경우 추진 가능하며, 소규모주택정비사업으로 추진하기에 정비 계획부터 사업 완료까지 8~10년 정도 걸리는 일반적인 재개발·재건축에 비해 속도도 빠르다.

서울시는 여기서 더 나아가, 블록 단위의 모아주택들을 묶어 대단지 아파트처럼 체계적으로 관리하고 다양한 편의시설을 확충하는 '모아타운' 개념도 함께 도입했다. 노후도 50% 이상, 면적 10만m² 이내 지역이라면 모아타운 추진이 가능하다. 모아타운으로 지정되면 최고 층수 완화, 용도지역 상향이 가능하며, 국비 혹은 시비로 도로·주차장·공원·주민공동이용시설 등도 조성할 수 있다.

2025년 1월 기준, 모아타운 대상지로 선정된 곳은 총 107곳으로, 빠르게 초기 목표를 달성해 가고 있다. 서울시는 사업 초기에 마주했던 어려움을 보완하는 면에서 자치구 공모 방식을 종료하고 주민제안 방식으로 전환해 사업을 이어 간다. 원주민 보호를 위해 주민제안 동의 기준을 강화하는 한편, 주민 간 갈등 조정을 지원할 예정이다.

모아주택 사업의 핵심은 노후한 주거지를 모으고 원주민들의 의견을 충분히 모으는 데 있다. 개별 가구의 자원과 노력만으로는 주거 환경 전반을 바꿔내기 어렵기 때문이다. 기존 도시 조직을 유지하고 원주민의 재정착률을 높이기 위해 자원을 모아내는 재개발의 선례가 모아주택 사업을 통해 조금씩 싹을 틔워 가고 있다.

서울 강북구 번동의 계획 조감도. 모아주택은 이웃한 다가구·다세대주택 필지 소유자들이 개별 필지를 모아서 블록 단위로 양질의 주택을 공동 개발하는 사업이다.

다시 100년을 생각하며

서울의

도시와 사람의 상생

도시는 살아있는 숨결이다. 이 숨결을 통해 사람은 도시를, 도시는 사람을 만들며 이야기를 이어간다. 어디에서 먼저 시작되었는지 모를 들숨과 날숨처럼, 시간 속에서 펼쳐지는 서울의 이야기들.

윈스턴 처칠은 폭격으로 폐허가 된 의사당 앞에서 재건을 약속하며 “우리가 건축을 만들고, 곧 그 건축이 우리를 만든다(We shape our buildings, thereafter they shape us)”고 말했다. 뉴욕의 센트럴파크를 설계한 프레드릭 로 옴스테드는 이렇게 말했다. “지금 이곳에 공원을 만들지 않는다면 100년 후에는 이만한 크기의 정신병원이 필요할 것이다.” 모두 도시 공간과 사람의 상호관계에 대한 말이다. 사는 동안 우린 결코 우리가 ‘있는 곳’과 분리되어 존재할 수 없으니까. 도시는 삶의 토대다.

도시는 단순한 물리적 공간을 넘어 우리의 건강에 영향을 미치고, 사회 발전의 방향과 비전을 제시한다. 그래서 도시 공간에 대한 정책이 그토록 중요한 것이다.

급속한 도시화를 거쳐오며 21세기 초반까지만 해도 서울시의 도시 공간 정책은 명확한 철학과 일관된 방향성이 부족했다. 큼직한 도시 기본계획은 있지만 법정 계획의 한계가 있었다. 현행 법규와 제도를 넘어 통찰력 있는 도시 공간에 대한 비전이 부족했기 때문이다.

2000년 이후에야 서울시는 도시 균형발전과 경쟁력 강화를 위해 대개조, 정원도시, 보행일상권 등 분야별로 체계적인 정책을 수립하기 시작했다. 앞서 7개 장 70여 개의 사업은 상당한 성과를 내고 마무리한 것도 있고 현재 진행 중인 사업도 많다.

과정은 결코 순탄하지는 않았다. 장소의 문화 형성 차원에서 추진했던 모뉴멘트 사업이 개발론자라는 오해를 불러일으키기도 했다. 서울시는 이러한 어려움에도 불구하고, 좋은 도시 건축 정책을 통해 시민과 함께 더 나은 미래로 나아가고자 끊임없이 노력해왔다.

다음 100년을 준비하며

일상이 행복한 세계인의 도시, 서울

과거에 대한 철저한 반추와 성찰을 바탕으로, 서울시는 2024년 10월 〈다음 서울을 준비하며〉 기본 구상을 통해 새로운 100년을 위한 비전을 준비했다. 공간 비전은 '일상이 행복한 세계인의 도시, 서울'. 시대에 따라 경중은 있겠지만 시민의 행복을 최우선으로하며 글로벌한 세계도시를 지향한다. 기후위기 시대의 도래나 국경을 넘어 다양성이 요구되는 범지구적 움직임에 보조를 맞추며 결국 사람의 행복을 제1 가치로 둔다는 말이다.

이러한 비전을 실현할 도시 공간의 목표는 6가지(즐거운 도시, 정원 도시, 감성 도시, 재해 안전 도시, 지속 가능한 도시, 포용 도시)로 구성됐다. 비전과 목표는 철학이고 도시는 물리적인 공간이다. 그렇기에 철학을 적용할 도시의 공간을 분야별로 나눠야 했다. 분야는 이 책과 마찬가지로 균형발전(District), 한강(Edge), 공원·광장(Node), 디자인(Path), 랜드마크(Landmark), 기후·생태(Climate & Ecology), 주거(Housing) 총 7가지로 구분했다.

첫째, 균형발전(District)은 매력 있는, 미래 균형 도시 서울을 지향한다. 서울 어느 지역에 있더라도 과거와 현재, 문화와 경제의 균형을 갖춘 자족 생활 도시를 이룩하고자 한다. 자족적 15분 생활권 도시는 지역 경제를 살리고 지역 일자리 확대에 기여한다. 이렇게 도시에 일상권이 기능한다면 연접지역과도 생활권이 연결되고, 광역 도시권이 형성될 수 있다. 결국에 서로 상생하며 균형 발전할 수 있는 힘이 될 것이다.

둘째, 한강(Edge)은 '천혜의 자원 한강, 시민의 품으로 돌려주다'를 표방한다. 한강은 도시의 경계부이자 연결부, 천혜의 자원, 600년 과거를 계승하는 서울의 심장이다. 이런 한강을 중심으로 주요 거점과 혁신 축이 연결된다면 도시 활력을 견인할 수 있을 것이다. 결국 한강은 미래성장축이 되는 셈. 게다가 한강에 신교통수단을 도입해 3차원의 입체 교통 체계를 형성할 계획이다.

셋째, 공원·광장(Node)은 '공원에서 놀고, 광장에서 만나다'라는 슬로건으로 추진된다. 지금도 국회대로를 비롯해

사회기반시설 지하화와 상부 공원화 사업은 진행 중이다. 서울시는 이렇게 큰 계획을 계속 실행해가며 인공구조물과 자연식생이 유기적으로 결합된 미래 도시의 모습을 실현한다. 공원과 광장은 앞으로도 우리 일상의 휴식 거점 공간일 테고, 지속 가능한 실내 정원이자 입체 정원의 모습을 그려낼 것이다.

넷째, 디자인(Path)은 걷는 도시 서울, 매력적인 거리를 디자인할 것이다. 미래에는 모빌리티 기술이 발전해 도로가 축소되고 보행자 위주의 도시 구조 개편이 필요해질 것이다. 도시는 2차원을 넘어 수직적으로 다층화되고, 그에 따른 개방적인 환경을 조성해야 한다. 이런 모습을 상상하며 한 차원을 뛰어넘는 거리의 디자인을 구상할 때이고, 이미 그 구상은 현실로 구현해가고 있다. 가까운 미래에 완성될 여의도, 용산, 남산, 광화문, 북한산으로 이어지는 상징 보행가로가 그것이다.

다섯째, 랜드마크(Landmark)는 아름다운 서울의 건축적 매혹을 바라본다. 좋은 랜드마크는 장소의 방문 목적부터 학문적 호기심까지 충족시켜준다. 때문에 랜드마크는 도시에서 일상과 비일상을 넘나들며 경험을 풍부하게 만들어줄 자산이다. 서울시는 제도와 행정으로 제한되는 혁신적 디자인의 걸림돌을 손보면서 서울의 정체성을 살리고 창의적이고 도전적인 도시건축이 펼쳐질 밑바탕이 되려 한다.

여섯째, 기후·생태(Climate & Ecology)는 더 맑고 깨끗한 청정도시 서울을 그린다. 이 분야는 언뜻 하드웨어와 큰 상관이 없게 느껴진다. 하지만 전체 탄소 배출량의 38%가 건설·건축 분야에서 나온다. 그만큼 기후·생태 문제는 건물과 매우 밀접하게 연관돼 있다는 뜻이다. 서울시는 그래서 정원도시를 지향한다. 자연과 인공을 나누지 않고 총체적으로 보고 접근해 도시 환경을 만들어간다. 서울시는 도시숲과 공원으로 이뤄진 청정 입체 도시로 만들 계획이다. 나아가 탈탄소 기반의 에너지 자립과 지역 자원순환 체계를 강화할 것이다.

일곱째, 주거(Housing)는 살기 좋고 풍요로운 도시·주거 공간을 지향한다. 인구 고령화는 거스를 수 없는 흐름이고 다양한 신체 유형을 고려한 주거시설은 점점 더 필요해질 것이다. 이런 상황에 맞춰 맞춤형 주거시설 공급으로 글로벌 포용 도시를 실현하고자 한다. 또한 오래된 동네는 시가지 정비를 통해 쾌적하고 개방적인 도시 환경을 확보하고 공공서비스 기반을 재정비할 계획이다.

다음 서울을 바라보며

도시의 풍경은 느리지만 확실하게 변화한다. 지금의 행동이 연결과 연결을 거듭하며 나비효과처럼 퍼지면, 다음 세대에까지 영향을 준다. 이제 목전의 문제가 된 기후 위기만 봐도 알 수 있다. 그렇기에 서울의 청사진은 100년이 기본 단위이고, 이는 그렇게 멀지 않은 미래다.

서울시는 도시의 다음 100년을 바라보기 위해 도시 공간 정책의 제도적, 공간적, 시간적 한계를 뛰어넘는 실행 체계를 구상했다. 현행 법규와 제도의 한계를 벗어나야 변화하

는 사회의 새로운 규범을 제시하는 과감한 공간구상이 가능하기 때문이다. 이런 구상은 광역 차원의 도시권 계획이기 때문에 행정구역 보다는 실질적인 삶의 공간적 범위를 고려한다. 또한 기존에 5년, 10년 단위 공공계획의 한계도 넘어선다.

우리가 어린 시절, 상상화를 그리면 종종 날아다니는 자동차와 공중 도로가 등장했다. 스마트폰의 보급도 당시엔 상상조차 못했는데, 이런 미래들은 더이상 허구가 아니다. 2차원의 평면적 용도 계획을 넘어 입체적인 공간 계획을 해야 할 시점이다. 또한 기존의 개별 필지 단위가 아니라 생활권으로 밀도 관리 차원에서 도시 계획을 바라봐야 한다. 환경 변화에 따른 침수안전기준과 지역단위 보행레벨을 도입해야 하는 것은 물론이다.

서울은 이제 수도권과 비수도권의 이분법을 극복하는 한반도의 메가시티로 변화를 이끌 것이다. 그것이 사회적 책무이기도 하기에. 인접 지자체와 협력해 거버넌스를 구축하고, 15분 자족생활도시 50개로 이뤄진 마이크로 서울을 만들어 가까운 도시와도 촘촘하고 넓게 연결되고자 한다. 기술변화에 적응하고 대응하는 것은 물론이다. AI에 기반한 도시관리시스템을 구축할 것이며, 이런 기반이 갖춰지면 글로벌 도시로 시민들과 함께하는 일이 더 쉬워질 것이다.

서울시는 과거, 현재, 미래를 이으며 변화하는 사회의 요구를 시대적 과제로 삼고 직선이 아닌 구불구불한 곡선을 걸어왔다. 한쪽에 빌딩 숲이 있는가 하면 다른 쪽에는 좁고 오래된 골목길이 있는 서울의 울퉁불퉁한 모습. 그건 보기에 따라 어쩌면 역동적인 시간의 켜를 고스란히 안은 서울의 '서울다움'이 되었다. 이 즐거운 도화지 위에 우리가 앞으로 다시 그려갈 풍경은 어떤 모습일까? 세월에 압도당할 이유는 없다. 순간이 모이고 오늘이 쌓여 100년이 되고, 또 더 멀리 나아갈 테니까. 다가올 미래를 향해 오늘 이 순간 할 일을 차근차근 해나가는 것. 그것이 매일 들이쉬고 살아가는 숨결의 힘과 무엇이 다를까? 서울은 다시 한걸음을 뗀다.

PROJECT DATA

키워드	번호	소분류	제목	위치
DISTRICT	01	도심재창조	**역사문화축(광화문-시청)**	중구 세종대로
DISTRICT	02	도심재창조	**관광문화축(인사동-명동)**	종로구 인사동 ~ 중구 명동
DISTRICT	03	도심재창조	**녹지문화축(창경궁-세운상가-남산)**	종로구 훈정동 ~ 중구 필동로
DISTRICT	04	도심재창조	**복합문화축(대학로-DDP-장충동)**	종로구 대학로 ~ 중구 장충단로
DISTRICT	05	-	**용산국제업무지구**	용산구 청파로 56-20 일대
DISTRICT	06	권역별 균형발전	**동남권(국제교류복합지구, GBC)**	강남구 삼성동 ~ 송파구 잠실동 일대
DISTRICT	07	권역별 균형발전	**동북권(창동상계, 광운대역세권)**	도봉구 창동역 ~ 노원구 노원역 일대 외
DISTRICT	08	권역별 균형발전	**서북권(상암재창조)**	마포구 상암동 일대
DISTRICT	09	권역별 균형발전	**서남권(마곡지구)**	강서구 마곡동 일대
EDGE	10	한강 르네상스	**반포한강공원**	서초구 신반포로11길 40
EDGE	11	한강 르네상스	**여의도한강공원**	영등포구 여의동로 330
EDGE	12	한강 르네상스	**난지한강공원**	마포구 한강난지로 162
EDGE	13	한강 르네상스	**뚝섬한강공원**	광진구 강변북로 139
EDGE	14	그레이트 한강	**스카이 스위트**	용산구 양녕로 495
EDGE	15	그레이트 한강	**한강아트피어**	용산구 이촌동 302-20
EDGE	16	그레이트 한강	**한강버스**	한강 전역
EDGE	17	한강 공공성 재편	**압구정지구**	강남구 압구정로 201 일대
EDGE	17	한강 공공성 재편	**성수지구**	성동구 왕십리로 16 일대
EDGE	18	한강 공공성 재편	**여의도지구**	영등포구 63로 45 일대 외
EDGE	19	한강 공공성 재편	**나들목 & 연결보행교**	마포구 망원동 218-2 외
EDGE	20	수변감성도시	**홍제천**	서대문구 연희동 홍제천 일대
EDGE	21	수변감성도시	**도림천**	관악구 신림동 도림천 일대
NODE	22	남산	**남산르네상스**	중구 남산 일대
NODE	23	남산	**남산 한국 숲 정원**	용산구 이태원동 259-16 일대
NODE	24	권역별 공원	**북서울꿈의숲**	강북구 월계로 173
NODE	25	권역별 공원	**서서울호수공원**	양천구 남부순환로64길 26
NODE	26	권역별 공원	**중랑캠핑숲**	중랑구 망우로87길 140
NODE	27	권역별 공원	**서울창포원**	도봉구 마들로 916
NODE	28	-	**서울둘레길**	서울시 전역
NODE	28	-	**서울초록길**	서울시 전역
NODE	29	-	**경의선숲길**	마포구 연남동 일대

키워드	번호	소분류	제목	위치
NODE	29	-	**경춘선숲길**	노원구 공릉동 일대
NODE	30	-	**국회대로 상부 공원**	양천구 신월 IC ~ 영등포구 국회의사당 교차로
NODE	31	광장	**열린송현녹지광장**	종로구 송현동 48-9
NODE	32	광장	**서울광장**	중구 을지로 12
NODE	33	광장	**여의도공원**	영등포구 여의도동 여의공원로 68
NODE	34	광장	**광화문광장**	종로구 세종대로 175
NODE	35	정원도시	**서울국제정원박람회**	광진구 뚝섬한강공원 외
PATH	36	-	**디자인서울거리**	중구 남대문로 외
PATH	37	펀디자인	**지하철역사 혁신프로젝트(여의나루역)**	영등포구 여의동로 343
PATH	37	펀디자인	**지하철역사 혁신프로젝트(자양역)**	광진구 능동로 10
PATH	38	펀디자인	**고가하부공간(옥수)**	성동구 옥수동 360-4
PATH	38	펀디자인	**고가하부공간(이문)**	동대문구 이문동 일원
PATH	38	펀디자인	**고가하부공간(한남)**	용산구 한남동 727-35
PATH	38	펀디자인	**고가하부공간(종암사거리)**	성북구 화랑로 6
PATH	38	펀디자인	**고가하부공간(금천)**	금천구 가산동 일원
PATH	38	펀디자인	**고가하부공간(노원)**	노원구 상계로 일원
PATH	38	펀디자인	**시민생활공간(도깨비마당)**	도봉구 방학로10길 51
PATH	39	교통	**경전철(우이신설선)**	강북구 우이동 ~ 동대문구 신설동
PATH	39	교통	**경전철(신림선)**	영등포구 여의도동 ~ 관악구 신림동
PATH	40	교통	**중앙버스전용차로**	-
PATH	41	공공미술	**서울라이트(광화문, DDP)**	종로구 세종로 일원 외
PATH	42	공공미술	**서울은 미술관(자하담)**	종로구 신영동 20-1
PATH	42	공공미술	**서울은 미술관(녹사평)**	용산구 녹사평대로 195
PATH	43	-	**유니버설디자인**	송파구 올림픽공원 외
PATH	44	-	**범죄예방디자인(CPTED)**	마포구 염리동 외
LANDMARK	45	-	**DDP**	중구 을지로 281
LANDMARK	46	-	**제2세종문화회관**	영등포구 여의도동 2
LANDMARK	47	-	**서리풀 개방형 수장고**	서초구 서초동 1005-6
LANDMARK	48	-	**세빛섬**	서초구 올림픽대로 2085-14
LANDMARK	49	-	**노들예술섬**	용산구 양녕로 445
LANDMARK	50	-	**대관람차**	마포구 하늘공원로 84 일대

키워드	번호	소분류	제목	위치
LANDMARK	51	-	삼표 레미콘 부지	성동구 성수동1가 683 일대
LANDMARK	52	-	도시·건축 디자인 혁신(크리에이티브 그라운드)	마포구 망원동 481-2 외 2필지
LANDMARK	52	-	도시·건축 디자인 혁신(Symbiosys)	용산구 한강로2가 15-13
LANDMARK	52	-	도시·건축 디자인 혁신(도화서길 업무시설)	종로구 수송동 30
LANDMARK	52	-	도시·건축 디자인 혁신(어반 플라타너스)	종로구 효제동 315-1, 251-1
LANDMARK	52	-	도시·건축 디자인 혁신(K-PROJECT 복합문화시설)	성동구 뚝섬로 379
LANDMARK	52	-	도시·건축 디자인 혁신(A Jewel for Seoul)	강남구 압구정동 494
LANDMARK	52	-	도시·건축 디자인 혁신(5 Zero 청담타워)	강남구 청담동 124-7 일대
LANDMARK	52	-	도시·건축 디자인 혁신(테라리움)	강남구 도산대로 536
LANDMARK	52	-	도시·건축 디자인 혁신(Stacked City)	강남구 삼성동 148-1 일대
LANDMARK	52	-	도시·건축 디자인 혁신(Seoul Playground)	서초구 서초동 1324-5 일대
LANDMARK	52	-	도시·건축 디자인 혁신(이태원 크라운호텔)	용산구 녹사평대로 140
CLIMATE & ECOLOGY	53	교통	따릉이	서울시 전역
CLIMATE & ECOLOGY	53	교통	나눔카	서울시 전역
CLIMATE & ECOLOGY	54	교통	기후동행카드	서울시 전역
CLIMATE & ECOLOGY	55	건축물	경로당 SEMS	강서구 초록동경로당 외
CLIMATE & ECOLOGY	56	건축물	제로에너지건축물(ZEB)	-
CLIMATE & ECOLOGY	57	건축물	녹색건축물 활성화	-
CLIMATE & ECOLOGY	57	건축물	목조건축물 활성화	동대문구 전농동 691-3 외
CLIMATE & ECOLOGY	58	건축물	저탄소건물 100만 호	-
HOUSING	59	질적 제고	성냥갑 아파트 퇴출	-
HOUSING	60	질적 제고	친환경 아파트	-
HOUSING	61	질적 제고	고품질 임대주택	마포구 백범로31길 19 외
HOUSING	62	질적 제고	신속통합기획	강남구 압구정동 396-1 일대 외
HOUSING	63	질적 제고	서울한옥	은평구 진관동 일원 외
HOUSING	64	양적 확대	시프트	서초구 바우뫼로18길 20 외
HOUSING	65	양적 확대	휴먼타운	종로구 신영동 214 외
HOUSING	66	양적 확대	모아주택	강북구 번동 429-114 일대 외

참고문헌

CHAPTER 1 DISTRICT

서울특별시, 『광화문광장 2022』, 2023

맹다미 외, 『서울시 도시계획체계 운영진단과 개선방안』, 서울연구원, 2023

서울특별시, 『2040 서울도시기본계획』, 2023

서울특별시사편찬위원회, 『시민을 위한 서울역사 2000년』, 2009

CHAPTER 2 EDGE

서울특별시, 『한강르네상스의 기록 2006-201』1, 2012

서울특별시, 『한강공원 보전 및 관리에 관한 기본계획 수립 연구』, 2024

서울특별시, 『2022한강공원백서』, 2023

서울특별시, 『한강르네상스 마스터플랜』, 2007

김도경·최원만·홍형순, 「여의도 한강공원 조성계획」, 『한국조경학회지』, 36(2), 2008

서울특별시, 『한강르네상스 한강 공공성 재편계획』, 2009

CHAPTER 3 NODE

송인주 외, 『서울시 생태계서비스 평가체계 구축과 활용방안』, 서울연구원, 2018

서울특별시, 『광화문광장 2022』, 2023

서울특별시, 『여의도공원 (가칭)제2세종문화회관 건립 기획 디자인 국제 공모 작품집』, 2023

서울특별시, 『여의도공원 활성화 기본계획』, 2023

김연금 외, 『경의선 철도공원의 문화적 개선방안 연구』, 한국문화관광연구원, 2011

박병훈·김한배, 「경의선 숲길이 지역재생에 미치는 영향」, 『한국경관학회지』, 8(1), 2016

최신현, 「신월정수장을 재활용한 서서울호수공원 설계」, 『한국조경학회지』, 37(5), 2009

최송천·이남진, 「[장소탐방]역사와 문화를 담은 경의선숲길」, 『건축과 도시공간』, 19, 2015

CHAPTER 4 PATH

서울특별시, 『생활안심디자이 종합 가이드라인』, 2020

서울특별시, 『서울디자인백서 2021-2022』, 2022

서울디자인재단, 『2014 서울디자인백서』, 2015

서울디자인재단, 『2012 서울디자인백서』, 2013

서울특별시, 『수변공간 유니버설디자인 가이드북』, 2023

서울특별시, 『서울시 유니버설디자인 적용지침』, 2022

서울특별시, 『우리동네 고가하부 종합보고서』, 2021

서울특별시, 『2011년 공무원 직접수행 학술용역』서울시 고가차도 철거에 따른 직간접 효과분석 연구, 2011

서울특별시, 『버스전용차로 운영진단 및 종합계획 기본설계』, 2015

CHAPTER 5 LANDMARK

최원철, 「세빛섬 건립공사」, 『대한건축학회지』, 60(9), 2016

서울디자인재단, 『DDP 스토리북 - Amazing Tomorrow』, 2024

도경민, 「개방형 수장고, 소장품의 민주화를 위해 고민해야 하는 과제」, 『월간미술』, vol. 459, 2023

박무호, 「DDP(동대문디자인플라자) 방문객의 움직임과 관람행태: 동선추적조사와 관람행동 코드 분석을 중심으로」, 『한국문화공간건축학회논문집』, 2017

홍민호 외, 「동대문디자인플라자(DDP) 조성사업 정책은 어떻게 가능하였는가?: 정치적 관리의 관점을 중심으로」, 『지방정부연구』, 23(3), 2019

CHAPTER 6 CLIMATE & ECOLOGY

고준호, 『공유서울의 대표사업, 나눔카의 효과와 운영방향(서울연구원 정책리포트 197)』, 서울연구원, 2015

서울특별시, 『서울의 환경(2021 환경백서)』, 2022

서울특별시, 『서울시 녹색건축물 제2차 조성계획』, 2022

서울특별시 외, 『기후위기 대응을 위한 녹색건물 컨퍼런스 자료집』, 2024

한영준 외, 『기후동행카드 시범사업 효과성 검토연구』, 서울연구원, 2024

CHAPTER 7 HOUSING

오정석, 「장기전세주택 거주자의 주거만족도 결정요인 분석 - 서울시 SHift의 주거환경을 중심으로」, 『사회과학논집』, 41(2), 2010

SH도시연구원, 「공공임대주택 입주자 특성 및 삶의 질에 관한 연구 - 장기전세주택」, 2017

오정석, 「공공임대주택 공급이 주변 아파트 전세가격에 미친 영향: 서울시 장기전세주택(SHift) 공급을 중심으로」, 『지적과 국토정보』, 40(1), 2010

양준석, 「공공임대주택이 주변 전세시장에 미치는 효과: 서울시 장기전세주택(SHIFT)의 경우」, 『한국경제지리학회지』, 20(3), 2017

사진출처

서울연구데이터서비스
14p, 18p, 20p(위), 22p, 31p(오른쪽 아래), 33p(위), 35p(위), 37p, 56p(아래), 58p(왼쪽 위), 60p(위), 66p(아래), 71p, 73p(아래), 104p(오른쪽 위, 중앙, 아래), 108p(왼쪽 아래), 110p(중앙, 아래), 119p(위), 124p, 131p(위, 오른쪽 아래), 133p, 135p, 137p(오른쪽 위), 158p, 160p(위), 171p(오른쪽 아래), 179p, 192p, 194p(위, 아래), 196p(아래), 198p(위), 200p(위), 207p(아래), 209p(아래), 230p, 232p(위), 243p(오른쪽 아래), 247p(아래), 254p, 256p, 260p(왼쪽 위), 262p(아래), 273p, 279p

Stock for you / Shutterstock.com
52p, 205p

LegoCamera / Shutterstock.com
54p

서울한컷
62p(아래), 79p(아래), 131p(왼쪽 아래), 137p(아래), 142p, 145p

Oliver Foerstner / Shutterstock.com
64p

서울역사아카이브
104p(왼쪽 위), 106p(아래), 110p(위), 236p(위)

서울기록원
106p(왼쪽 위), 128p

김종오
106p(오른쪽 위), 123p, 125p, 127p, 129p

손영자
137p(왼쪽 위)

WAYD
143p(아래)

Visualog
175p(아래)

WHANKI FOUNDATION_WHANKI MUSEUM
181p(위)

mediascope
181p(위)

Park Haewook
190p

한기애(출처 공유마당)
226p

김순식(출처 한국저작권위원회)
232p(아래)

TBS
241p(아래)

이인희(출처 한국저작권위원회)
243p(왼쪽 아래)